怪奇科學研究所

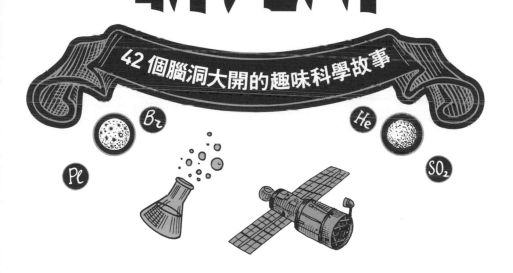

42 個腦洞大開的趣味科學故事

SME

———— 著 ————

自序 007

第一篇──科學謎團
這麼神祕，那麼荒誕

第一章　百慕達三角的彌天大謊 011

第二章　藐視人類「中心法則」的章魚 019

第三章　顏料，一部另類化工史 025

第四章　當大腦被寄生蟲支配 031

第五章　撓癢癢的進化論 037

第六章　第 23 個發明電燈的人 043

第七章　食人族與神祕病毒 049

第八章　千年法老的詛咒 055

第九章　啟蒙中國近代化學的一股神祕的東方力量 063

第十章　人體自燃，意外還是謀殺？ 069

第二篇——驚人實驗
危險的實驗，驚人的發現

第一章　「醫學叛徒」的微生物預言　079

第二章　舊時代的奇葩同性戀治療法　087

第三章　在腦袋上開個洞？
　　　　堪稱科學界最恐怖黑暗的真實故事　095

第四章　發光千年的骨頭　103

第五章　進化論的另一個發現者　109

第六章　病菌培養液的味道——一段實驗室「黑歷史」　115

第七章　量子力學之父普朗克的故事　121

第八章　玩出來的地理學「教科書」　129

第九章　史上最冤枉的愛滋病「零號病人」　137

第十章　當百年前的宗教遭遇科學鬥士　145

第三篇——里程時刻
改變文明進程的科學時刻

第一章　攻克人類歷史上最可怕的傳染病　　　　　155

第二章　密碼戰：人類智慧的巔峰對決　　　　　　163

第三章　收割歐洲一代男青年的大殺器　　　　　　171

第四章　海森堡之謎　　　　　　　　　　　　　　179

第五章　一個拯救了無數人生命的中國老人　　　　187

第六章　NASA 背後的隱藏英雄　　　　　　　　　195

第七章　被當作生化武器使用的「不治之症」　　　203

第八章　拯救阿波羅 13 號　　　　　　　　　　　211

第九章　不怕死的 12 人「試毒天團」　　　　　　219

第十章　讓瘟疫現形的「細菌學之父」　　　　　　227

第十一章　毒氣彈始作俑者的悲慘一生　　　　　　237

第十二章　改變歷史的瘟疫　　　　　　　　　　　245

第四篇——關鍵人物
天才的大腦，美麗的心靈

第一章　只有 20 秒記憶的「職業病人」　　　　253

第二章　天體物理學家與搖滾巨星　　　　261

第三章　最後一個什麼都知道的人　　　　269

第四章　光榮入獄的偉大發明家　　　　277

第五章　科學界的最強辯手　　　　285

第六章　遲到 50 多年的諾貝爾獎　　　　293

第七章　冥王星守護者　　　　301

第八章　拯救了一個國家的小職員　　　　309

第九章　一個純粹的數學家　　　　317

第十章　保護千萬人的「瘋狂實驗」　　　　327

自序

　　你好，我是 SME，準確地說，我們是 SME。很多人第一次看到我們的名字都會感到疑惑，SME 是何意？這三個字母可以有無數種解釋，正如我們每個人接觸科學的無數種理由一樣。在我們這裡，它有一種解釋是 Science Medium Entrepreneurship 的首字母縮寫。

　　有的人因為熱衷於新穎的技術產品而開始瞭解科學技術，有的人因為對未知的好奇而開始探索宇宙，有的人因為對脆弱生命的憐惜而開始研究生命科學。但對於普通人而言，瞭解科學技術的方式往往是通過媒體以及書籍。

　　我們很早就已經察覺到了這條道路十分崎嶇。隨手打開那些門戶網站的科技頻道，充斥著的是消費電子產品介紹、商業公司新聞、產業行業動態等等，我們曾思考：這與百年前報紙上的那些商業新聞有多大的差別？細細想來只不過是因為我們所處的時代給這些內容蒙上了一層名為「科技」的包裝紙罷了。

　　就像來到一座完全陌生的古城，初涉科學的我們也並不知道去向何處，也會留戀於商業區燈紅酒綠，也會錯過深巷裡破敗卻韻味無限的滄桑。我們和很多人一樣在科學的世界裡頭暈目眩，但我們不願意變得迷失。我們想要記下每條走過的路，寫出我們心中最好的科學世界漫遊指南，這也正是「DIZZY IN SCIENCE」誕生的初衷。科幻電影《星際大奇航》中，「42」

被描述為宇宙的終極答案。恰巧，我們也精選了 42 個科技背後的故事，希望能給各位讀者的科學漫遊帶來一些幫助。

起初大量寫作的是受眾最廣的科學人物類，以一個人的視角去講述科學技術的發展，這當中有勵志、有感動、有憤懣、有惋惜，每個人的故事都是獨一無二的，也是從那時候開始我們確信科學與傳記這兩個被認為是枯燥的元素結合在一起，也能產生美妙的反應。人物故事的寫作實際上也帶給了我們對科學史認知的原始積累，在那些光鮮亮麗的科學人物背後，我們逐漸發現了他們不為人知的一面，例如為化學研究而獻出的無數生命。但是，我們總是把目光放在那些成功案例上面，忽略了很多科學發展史上被拋棄了的犧牲品，可往往就是這些沒有人歌頌的事蹟，反倒能帶來不一樣的感悟。同時我們也會逐漸發現那些廣為流傳的常識和說法中，有的也存在著許多謬誤。也許很多人最早是通過那些「未解之謎」才接觸到了這個泛科學領域，當我們長大成人再去回看這些曾經深信不疑的謎題，才發現那裡面漏洞百出而又荒誕至極。

1924 年，孫中山先生親筆寫下「博學、審問、慎思、明辨、篤行」作為當時「國立廣東大學」的校訓，被中山大學沿用至今。這擇取自《禮記·中庸》的十字箴言，反映的正是我們認識和改造世界的歷程。一切由好奇的涉獵開始，經過不懈地追問從理解中提出質疑，直至能明辨是非真偽，終能知行合一踐履所學。這正是我們每一個故事裡所要表達的，其中的精華，就在這些包羅中外的 42 個故事裡，細細品味吧！

第一篇——科學謎團

這麼神祕，
那麼荒誕

第一章
百慕達三角的彌天大謊

　　曾經風靡中小學校園的各種「世界未解之謎」系列書籍，用尼斯湖水怪、麥田圓圈、金字塔與法老的詛咒、大腳怪、外星人與 UFO、神農架野人、人體自燃等，引發了大家對未知事物的好奇心。這些事物，一個比一個神祕莫測，但又一個比一個言之鑿鑿，讓我們那時無處安置的好奇心得到了莫大的滿足。

　　其中最神祕的莫過於，吞噬無數飛機和船隻的「百慕達三角」。傳說這片神祕海域屢次發生神祕莫測的失蹤、海難事件，震驚世界。無數途經這裡的貨輪、軍艦、潛艇、飛機等，都離奇消失不見。有的甚至連殘骸、屍體都找不到，彷彿連人帶船人間蒸發了一般。某些案例更加玄乎，說是失蹤了幾十年的飛機、輪船又突然出現，而且上面的乘客還一點兒都沒變老。還有的說，飛過這片海域，駕駛員身上的錶都像穿越了時空一樣，比其他地方慢了幾個小時。這些描述讓年少的我們，冒著被老師批評的危險，勢必要對這神祕現象一探究竟。

　　關於這個「死亡三角」，也有各種五花八門的理論和假說被提出，試圖支撐和解釋這些神祕的現象。例如「次聲波振動說」、「海地水橋說」、「天然氣水合物說」、「金字塔磁場說」、「磁偏角異常說」等等，它們各立門派，並嘗試自圓其

說。如果覺得分析不夠深入，就把人們耳熟能詳的愛因斯坦搬出來，用相對論、四維空間、黑洞吞噬、平行世界等概念和理論再解讀一遍。再不濟，還可以「甩鍋」（推卸）給外星人和別國政府，說消失是因為外星人把我們地球人綁架去做實驗，或是其他國家在海底搞什麼祕密武器。

各種理論和假說雖然聽上去都不一樣，但最終還是會殊途同歸。因為它們的結尾都是同一個套路，「欲知後事，請看下回分解」，總是這樣吊著讀者的胃口，但就是講不出個所以然。其實歸根結底很簡單，因為這一切都是假的。

所謂的百慕達三角，是指北起百慕達群島，南到波多黎各島，西至美國佛羅里達州，三個地方圍成的三角地帶，三角的每個邊長約 2000 公里。然而，在真正的地理學上，並不存在什麼「百慕達三角」這樣的劃分。給這片海域冠上魔鬼之名的，也不是什麼科學家或政府機構，而是一群用筆說話的作家。這些人讓原本好好的一個旅遊勝地，在「地攤文學」（以神祕事件為主題的作品，在街頭地攤販售。）的以訛傳訛中，變成了人間的未解之謎。

百慕達三角

愛德華·瓊斯（Edward Jones），就是首次提到「百慕達三角」的作家。1950 年，他在美聯社的《邁阿密先驅報》中，第一次提到在百慕達附近的飛機神祕失蹤事件，並把事故源頭引向了那片海域。這就是百慕達神祕現象中，最為人津津樂道的空難事故——美國海軍第 19 飛行中隊失蹤。

　　如果這第 19 飛行中隊在飛行過程中安全返航，那麼關於「百慕達三角」的概念也不會被創造出來。那些關於百慕達的所有文章、書籍、電影、紀錄片也不復存在。所以，第一次把第 19 飛行中隊失蹤與「百慕達」聯繫到一起的瓊斯，也被稱為「百慕達三角」之父。

　　到了 20 世紀 60 年代，第 19 飛行中隊的失蹤在另一位作家文森特·蓋迪斯（Vincent Gaddis）的筆下，變得更加神祕和流行起來。1964 年他給自己發表的文章取了一個非常引人入勝的標題——《死亡百慕達三角（The Deadly Bermuda Triangle）》，賺足了眼球。但他在文中沒有提供有效的資料，卻好像已經對此徹查」一樣，聲稱這個地區海難頻發，遠遠超過其他的海域。

　　在這之後的十幾年間，很多作家都沿襲蓋迪斯的思路開始自由「創作」。基本套路就是多挖挖過去的海難事件，再加點個人解讀，最後把災難的帽子扣到「百慕達三角」頭上，這就又是一篇熱讀文章。

　　那麼關於百慕達最關鍵的神祕現象，第 19 飛行中隊失蹤又是怎麼被炮製出來的？

　　整個案件的大致經過是：

　　1945 年 12 月 5 日下午 2 時，美國海軍第 19 飛行中隊的 5

架「復仇者」轟炸機（共 14 名飛行員）在隊長查理斯・泰勒的帶領下，計畫從佛羅里達向東飛到巴哈馬群島，再折返基地，完成飛行訓練。然而他們剛飛出兩個小時後便迷失了方向，沒有按原計畫返回基地，反而向大西洋深處飛去。

最後，這五架轟炸機因燃料耗盡，悉數墜入海中。隨後美軍便派出了大量飛機和船艦進行救援搜索。但是結果卻更悲慘，不但沒有搜救成功，機上 14 名飛行員無一生還，其中一架 PBM-5 水上飛機還在救援任務中出事。

關於此事的官方調查結果，都認為隊長泰勒應該為這次事故負主要責任。泰勒雖然有近 2000 個小時的飛行經驗，但他並不是一位優秀的飛行員，性格固執，且以馬虎著稱。「二戰」期間，他就曾兩次在海上迷航不得不棄機跳傘。在這次飛行訓練中，泰勒居然還忘記帶基本的導航儀和手錶。

基地在發現泰勒迷航後，就要求他把指揮權交給其他人。但剛愎自用的泰勒卻寧願相信自己多年的飛行經驗，拒絕指揮中心的提議，繼續帶隊往錯的方向飛去。通信記錄中顯示，有至少兩位學生飛行員發覺泰勒的判斷有誤，並要求改變航向。但泰勒仍然一意孤行地帶著學生飛行員們飛向死亡的深淵。

美國海軍第 19 飛行中隊的 5 架「復仇者」轟炸機

在飛行途中，天氣狀況也開始越來越糟糕。所以隨後派出的救援飛機也因在惡劣天氣下進行搜救行動，危險係數大大增加。而救援飛機的墜毀還有一個更重要的原因。海軍基地的前飛行教練大衛‧懷特說，統計已證實參加救援的 PBM-5 水上飛機，是歷史上頻繁出現油氣外洩，且常因小火花導致爆炸的機型，所以這種飛機也一直被稱為「飛行中的油箱」。當時在該海域經過的郵輪上的乘客表示，當晚就聽到了爆炸聲，還看到上空有閃光，海面上也拖著一條長長的油帶。

將事實連在一起看，其實第 19 飛行中隊和搜救飛機的悲劇只能歸為人為事故，而不是什麼超自然事件。一個迷航的固執隊長，帶著沒有經驗的學生在惡劣天氣中飛行，遇難幾乎是無可避免的。

原本是官方定論的事情，但泰勒的親屬卻對這樣的調查結果極度不滿意，多次向美國海軍高層上訴。所以當局只能滿足泰勒親屬的要求，把原因歸咎於糟糕的天氣和「未知因素」。

也就是這個「未知因素」激起了陰謀論愛好者的翩翩聯想。在他們層層添油加醋和有意忽略事實後，最終成了一個交

在水中的遇難飛機

織著各種超自然力量的不解之謎。

在這之後，幾十年前的「獨眼巨人」號失蹤事件，也從沉睡的歷史中被人們挖出來重新解讀。1918 年 2 月 22 日，滿載貨物的「獨眼巨人」號，由巴西薩爾瓦多啟航前往巴爾的摩（途經百慕達三角）。然而在航行中卻完全與外界失去聯繫，不知所蹤。

起初美軍以為該船是被德軍擊沉，但是戰後並未在德軍檔案中發現記錄。所以，「獨眼巨人」號的失蹤也被蒙上了一層神祕的面紗。

在第 19 飛行中隊的事件傳開之後，好事者也把「獨眼巨人」號的失蹤歸結於百慕達三角的神祕力量。然而，官方認為「獨眼巨人」號的失蹤，可以從它的兩艘姐妹艦中得到更科學的解釋。和「獨眼巨人」號構造幾乎一樣的「涅柔斯」號和「普路提斯」號，雖平安地度過了「一戰」歲月，但在「二戰」期間都因為結構缺陷紛紛沉沒。鑒於「獨眼巨人」號當時的嚴重超載，所以失事原因也漸趨明瞭。

而我們之所以能知曉關於百慕達三角的種種，都得歸功於小時候讀到的類似「解密百慕達三角」的系列書籍。這些書籍則源自另一位更有「想法」的作家貝里斯（Charles Berlitz）。他看準了商機，在 1974 年出版了《百慕達三角》（*The Bermuda Triangle*）一書，同時把「百慕達魔鬼三角」的概念廣泛傳播。這本書中不但搜集了許多官方或非官方消息，而且加入了各種對百慕達三角神祕現象的「合理」解讀和理論，讓原本不存在的「百慕達三角」，成了當時美國家喻戶曉的神祕地帶。

不過，在這本暢銷書大賣的第二年，另一本專門反駁貝里斯的闢謠書籍就誕生了。

拉里・庫什（Larry Kusche）搜集了「百慕達作家」們提到的五十多起事例的真相，出版了《百慕達三角之謎——已解》（*The Bermuda Triangle Mystery-Solved*）一書，詳細地介紹了每一起事故的調查結果。

拉里・庫什的碩士學位是圖書管理學，畢業後在亞利桑那州立圖書館工作，有較強的搜索與調查能力。此外，他還是一個有經驗的飛行員，他當過商業飛行員、飛行教練和飛行工程師等，累計飛行時間達到幾千小時。

為尋求真相，他查閱了美國空軍、海軍、海岸警衛隊、保險公司等有關報告，事故發生時的報紙報導，甚至向有關人員進行信件、電話或當面訪問。最後他得出的結論也被美國海岸警衛隊等許多權威機構，認為是對百慕達三角現象的定論。

他的研究表明，在百慕達三角地區發生的飛機和船隻的失事數量，與其他海域相比並不突出。其實這個問題用一個非常顯淺的事實就可以解釋，如果百慕達三角真的頻繁發生神祕的海難、空難，最害怕的應該是海洋保險公司。

但是海洋保險公司並不認為百慕達三角是個特別危險的海域，也並沒有收取比普通地區更高額的保險費用。

1975 年，壟斷海洋保險的勞埃德保險社聲明如下：

「根據勞埃德記錄，自 1955 年以來，在世界範圍內有 428 艘船隻被報失蹤，而你們也許有興趣知道，我們的情報部門未能發現任何證據支持百慕達三角比其他地方有更多失蹤案的說法。美國海岸警衛隊有關大西洋事故的電腦記錄可以追溯到

1958 年，其結果也支持這個結論。」

許多事故發生的時候，人們並不認為有神祕之處，但是在多年後經過再加工，就開始神祕起來了。更重要的是當時許多作家根本沒有自己做調查和研究，只是重寫了以前的文章，導致越來越偏離事實。有的作家為了文章效果，甚至虛構了許多事故的各種細節，還有一些明顯不是發生在該區域的也被當成是百慕達三角的事故。

然而，在庫什這本闢謠書出版後，前面寫《百慕達三角》一書的作者貝里斯又四處散播謠言，聲稱在百慕達海底發現一座金字塔。庫什立刻向貝里斯發出挑戰，要求貝里斯提供海底金字塔的證據，並跟他打賭一萬美金。結果在挑戰截止的前一週，貝里斯才出來宣布不願接受庫什的挑戰，承認了自己只是信口開河。

就這樣，這齣鬧劇在 20 世紀 70 年代的美國，早已告一段落。然而，這百慕達三角之謎隨後卻跨過了大洋，在中國大地上愈演愈烈，至今未息。

說來諷刺，我們童年對科學的啟蒙讀本，竟來自這麼一個欺世謠言！

第二章
藐視人類「中心法則」的章魚

不知道大家有沒有發現，影視作品中，外星人大多被設定成章魚的樣子？比如我們非常熟悉的被稱作《異形》前傳的電影《普羅米修斯》中，異形的原生體就像極了章魚，有八根腕足，中間還伸出一根駭人的口器。還有《異星智慧》中「完勝」飛行員的喀爾文，《異星入境》中靠噴墨交流和能預知未來的七肢體外星人。

那麼外星人為什麼要被設計成「章魚」的形象呢？

有人提出章魚在水中活動有種太空的失重懸浮感，而且它們超大的腦袋和發達的四肢也更符合「達爾文外星人」的特點。

但是除了這些，最重要的還是章魚有著不尋常的高智商。由於章魚的各方面特點都有點匪夷所思，所以許多科學家也喜歡稱它們為「生活在地球的外星生物」。如果說海洋能進化出智慧生物，那麼章魚最有可能就是這樣的物種。章魚也一直被譽為「海洋中的靈長類」。

章魚雖屬於無脊椎動物，但就其智商而言，可以說就是無脊椎動物中的「叛徒」（科學家一般認為脊椎動物比無脊椎動物聰明得多）。一隻普通的田螺體內只有約 1 萬個神經細胞；龍蝦有大約 10 萬個；跳蚤也不超過 60 萬個。而蜜蜂和蟑螂等，

擁有極其複雜神經系統的章魚

外神經系統豐富度名列前茅的無脊椎動物，也僅有約 100 萬個神經細胞。所以同為無脊椎動物，章魚擁有 5 億個神經細胞，高下立判。除此之外，不少脊椎動物還比不過章魚呢。例如，章魚的神經細胞數量就遠超家鼠（8000 萬）和大鼠（2 億），幾乎與家貓差不多。

另外，神奇的章魚竟還擁有兩個記憶系統。其中一個是大腦記憶系統，另一個記憶系統則位於八根腕足，直接與吸盤相連。我們都知道，人類要想完成比較複雜的動作，得靠大腦控制具體的操作與步驟。但章魚就不一樣，它的八根腕足（俗稱觸手）內都有獨立的神經索。大腦只要對腕足下達一個抽象的命令，章魚的腕足就能自己「思考」，要哪些步驟才能完成任務。在這之後腕足就可以實行多執行緒同時作業，獨自感知環境，快速做出反應，根本不需要大腦給予具體的指令。

毫無疑問，章魚擁有極其複雜的神經系統，但我們並不能就此評判它們智商的高低。

因為即使在最有利的情況下，評估章魚的智力水準都是件十分棘手的事情。就像我們經常把會使用工具設為衡量鳥類和哺乳類動物智力的標準。

但事實上這並不適用於章魚，因為它的奇異的身體本來就是一個工具。

例如它們根本不需要借助外物，就能用堅硬的齒舌將牡蠣的殼鑽開。之後，章魚便會從鑽開的孔向殼內注射某種毒素，迫使牡蠣打開，然後飽餐一頓。舉這個例子並不是為了說明章魚不會使用工具。因為它們用起工具來，還真的比誰都要厲害。

為了更方便地鑽開牡蠣，章魚會找來一塊大石頭墊在底下再開始操作。而當牡蠣被毒液逼得開口，章魚還會扔一塊石頭進去，防止牡蠣把兩片殼關上夾到自己。除此之外，懂得未雨綢繆的章魚，有時吃完牡蠣肉後，還會將殼保留起來，建房子用。它們習慣收集各種貝殼、蟹殼和石頭等，建起屬於自己的「章魚城堡」，保護自己柔軟的身體。

除了使用工具外，章魚還擁有近乎人類的記憶能力和學習能力。而學習能力的強弱恰恰是動物智力高低的一個重要表現。

科學家曾做過這麼一個實驗：將一隻剛從海裡撈上來的新手章魚，放入一個結構複雜並裝有食物的玻璃盒子，但是它不知道怎麼找到入口並拿到食物。它的隔壁則是一隻久經沙場的老手章魚，它能夠找到盒子的入口，並從中獲取食物。新手章魚就趴在玻璃上暗中觀察老手章魚是怎麼做的，在看到老手章魚的示範後，二話不說就立刻採用相同的方法，鑽進盒子飽餐

一頓。

更讓人咋舌的是，章魚還是種會「察言觀色」的動物，能夠適應圈養、具有與人類交往的能力。一位叫雪萊．阿達莫（Shelly Adamo）的神經學家飼養的章魚，就特別喜歡對著陌生訪客噴水。但經常在它們周圍出現的熟人，卻不會受到如此粗魯的對待。2010 年有人在水族館中做過一個實驗，一個「友善」的飼養員經常給它們餵食，而另一位「小氣」的飼養員則經常拿棍子騷擾它們。只要兩週，水族館中的所有章魚，都對這兩名飼養員表現出截然不同的態度。

除了會看人類的臉色，在海底生活的它們還有著高超的「偽裝」本領。在自然界中，可根據環境改變自己「外表」來躲避天敵或捕獲獵物的動物雖然有很多，但如果章魚是第二的話，還真的沒有哪個動物敢稱第一。

而提到偽裝，想必大部分人第一時間想起的是變色龍，它們能根據環境或多或少地改變體表顏色。然而，此變化不過是化學物質反應的結果，需要的時間略長。而章魚變色的指揮系統是它的眼睛和腦髓，這種透過神經系統控制的方式也更加高級，幾乎在瞬間即能完成。如果章魚的一側眼睛出了什麼毛病，那麼這一側就會固定為一種不變的顏色，而另一側還是可以隨時變色。

章魚的顏料儲存在皮膚最表層的數以千計的墨囊中，緊閉時看上去就像一個個小斑點。但受到環境刺激時，章魚就會將墨囊周圍的肌肉收縮，讓墨囊打開釋放顏料。這樣章魚就可以依據環境，控制墨囊按照不同的組合打開或閉合，形成不同的形狀，如帶狀、條狀或點狀等，並且顏色各異。

章魚軟軟的身體還有利於它們改變外形。例如印尼的擬態章魚，更是高手中的高手。海蛇、比目魚、海星、獅子魚、珊瑚、鰨魚等超過 15 種動物，它都模仿得維妙維肖。有時候還能偽裝成海螺，伸出兩根腕足當腳逃之夭夭。更神奇的是，除了顏色和形狀，章魚還能根據自己要變形的物種，相應地改變皮膚的質地。透過控制特定部位的肌肉收縮，章魚可將光滑的表皮變得粗糙和尖銳。

例如海藻章魚（學名刺斷腕蛸，Abdopus aculeatus）就能在短時間內，形成一縷一縷的結構，隨著水流漂動，常讓人誤以為是海藻。

如果你問章魚，你們是如何練就如此高超的偽裝術？它們應該會回一句：「還不是被逼的。」因為章魚沒有骨骼，在捕食者眼裡它們完全就是一塊「行走中的肥肉」。海洋中的各種魚類，都對章魚虎視眈眈，甚至包括不同種屬的章魚之間，也存在著敵意。

毫無疑問，越是擅長偽裝自己，就越容易逃脫追捕和獲得食物。所以現在如此機智的章魚，也是經過漫長的自然選擇和進化，才坐牢了「偽裝大師」的名號。擁有模仿顏色、形態與皮膚質地三位一體的技能，章魚玩起 COSPLAY 來可以說是所向披靡。

如果這種能力放在人類身上，就和影視作品中看到的「突然改變表皮硬度抵擋攻擊」的超能力差不多。那麼問題就來了，如此聰明強大的章魚怎麼還沒組建軍隊，上演章魚的「星球崛起」呢？其實這些長著兩個腦袋、八根腕足的「外星人」，慘就慘在逃不過「做父母必死」的宿命。

本來章魚的壽命就只有短短 3 到 5 年，但無論何時，只要章魚一交配，就等於被判了死刑。章魚有八根腕足，其中一根被稱為交接腕（hectocotylus），這就是雄性章魚的生殖器（那些喜歡吃章魚觸手的朋友，抱歉了）。交配時，章魚會將精包透過插入的方式，放入雌體的外套腔內。為了確保雌體受孕，雄性章魚還會將這根「性觸鬚」留在雌性章魚體內。而失去生殖器的雄性章魚，就會進入「賢者模式」，變得鬱鬱寡歡。不久後，行動遲緩、茶飯不思的雄性章魚，就一命嗚呼了。

另外，在產下數十萬枚章魚卵後，雌性章魚守護幼卵孵化的時間也至少需要半年。這段期間，雌性章魚也會因不進食，最終難逃一死。

很多時候，許多新生的小章魚從未見過自己的父母。所以它們也無法從父輩那裡學習到有關的生存法則，一切都只能靠自己摸索。正是因為這種生理層面的缺陷，導致了章魚智力層面的不斷割裂。如果這種斷裂發生在靠傳承發展優勢和智慧的人類身上，我們或許還不一定比章魚聰明。所以才有人說：「如果章魚壽命不是只有幾年，它們可能還真的有興趣看看人類到底是個什麼東西。」

或許未來有一天，外星人真的會攻陷地球，也會驚訝自己在地球怎麼還有遠方表親。

參考資料：

◎ 子常，章魚的智慧 [J]. 科技潮，2010(9).
◎ 唐一塵，章魚具有強大的 RNA 編輯能力 [J]. 前沿科學，2017(2).

第三章
顏料，一部另類化工史

　　我們從小就嚮往顏色豐富的世界，就連形容仙境也常用五彩斑斕、絢麗多彩這樣的詞語。這種對色彩天然的熱愛讓許多父母將繪畫作為自己孩子的重點培養愛好。雖然真正熱愛繪畫的孩子沒有幾個，但卻鮮有孩子能抵抗一盒精美顏料帶來的魅力。

　　檸檬黃、橘黃、大紅、草綠、橄欖綠、熟褐、赭石、鈷藍、群青……

　　這些漂亮的顏色就像是一道可以觸摸的彩虹，不知不覺吸引了孩子們的注意力。敏感的人可能會發現，這些顏色的名稱大多是形容性的詞，例如草綠、玫瑰紅。然而卻還有一些像「赭石」這樣讓人摸不著頭腦的名稱。若是知道一些顏料的歷史，你就會發現還有更多這樣的顏色湮滅在時間的長河當中。每一種顏色的背後都是一段塵封的故事。

　　很長一段時間，人類的顏料根本無法描繪這個多彩的世界（哪怕是千百分之一）。每發現一種全新的顏料，其所展現的顏色才被賦予了全新的名字。最早的顏料都來自天然礦物，並且大多來自於特殊地區出產的土壤中。含鐵量較高的赭石粉末很早就被當作一種顏料來使用，它所展現出的那種紅褐色也就

被叫作赭石色。

　　古埃及人早在西元前 4 世紀就已經掌握了一些製作顏料的方法。他們懂得使用孔雀石、石青與朱砂這類天然礦物，將其碾碎並透過水洗提高顏料的純度。與此同時，古埃及人的植物染料技術也同樣優秀，這使得古埃及人能夠繪製出色彩豐富而明亮的大量壁畫作品。

　　幾千年來，人類的顏料發展都是依靠幸運的發現來推動。為了提高這種幸運出現的機率，人們做了很多奇怪的嘗試，也造就了一批奇葩的顏料和染料。大概在西元前 48 年，凱撒大帝在埃及見到了一種鬼魅的紫色，幾乎是一瞬間，他就著了迷。他把這種稱作骨螺紫的顏色帶回了羅馬，並欽定為羅馬皇

在市場上出售的顏料

室的專屬顏色。

從此，紫色成了一種高貴的象徵，因此後人用「born in purple」這樣的短語來形容出身名門。但是這種骨螺紫染料的生產過程堪稱奇葩。將腐爛的骨螺與木灰一起浸泡在盛滿餿臭尿液的大桶當中，經過長時間的靜置，骨螺鰓下腺的黏稠分泌物會發生變化，生成一種今天被稱作紫脲酸銨的物質，呈現出一種藍紫色。

這種方法的產量還特別少，每 25 萬隻骨螺才能生產出不到 15 毫升的染料，剛剛夠染一件羅馬長袍。除此之外，因為製作過程臭氣熏天，這種染料只能在城外進行生產。就算是最終製好的成衣也都終年散發著一股說不上來的獨特氣息，也許就是「皇家味」吧。

類似骨螺紫這樣的顏色其實並不少，還有一種同樣與尿液結緣的顏料被發明出來。那是一種美麗而通透的黃色，風吹日曬經久不衰，名曰「印度黃」。顧名思義，這是一種來自印度的神祕顏料，據傳提取自母牛的尿液。這些母牛只被餵食芒果樹葉和水，導致其嚴重營養不良，尿液中才含有特殊的黃色物質。這些奇奇怪怪的顏料染料稱霸了藝術界相當長的一段時間。它們不僅害人害畜，往往還產量低下、價格高昂。例如在文藝復興時期的群青色，因為由青金石的粉末製成，價格曾是同質量黃金的 5 倍。

隨著人類科技大爆炸的發展，顏料也急需一次巨大的革命。然而，這次大革命留下的卻是致命的傷痛。鉛白是世界上少有的能在不同文明、不同地域都留下印記的一種顏色。

在西元前 4 世紀，古希臘人就已經掌握了加工鉛白的方

法。通常是把數根鉛條堆放在醋或動物的糞便裡，置於密閉空間中幾個月，最終生成的鹼式碳酸鉛即是鉛白。製作好的鉛白呈現出一種完全不透明的厚重感，被認為是最好的顏料之一。

但鉛白絕不僅僅在繪畫作品當中大放異彩。羅馬貴婦、日本藝妓、中國仕女等全都不約而同地使用鉛白塗抹面部。在遮蓋臉部瑕疵的同時，她們也獲得了發黑的皮膚、腐壞的牙齒、熏天的口氣。同時還會導致血管痙攣、腎臟損害、頭痛、嘔吐、腹瀉、昏迷等症狀。

類似的症狀也同樣出現在畫家身上，人們常常把出現在畫家身上的莫名疼痛稱作「畫家絞痛」。可好幾個世紀過去了，人們都沒有意識到這些怪現象其實就來自他們最愛的顏色。

鉛白還在這場顏料革命中衍生出了更多的色彩。梵古最愛用的鉻黃就是鉛的另一種化合物——鉻酸鉛。這種黃色顏料比起印度黃顯得更加明亮，但價格卻更為便宜。其與鉛白一樣，其中含有的鉛很容易進入人體並偽裝成鈣，導致神經系統紊亂等一系列疾病。喜愛鉻黃，並厚塗顏料的梵古之所以長期受到精神疾病的困擾，很有可能離不開鉻黃的「貢獻」。

另一種顏料革命的產物就不像鉛白、鉻黃這樣「默默無聞」了。事情可能要從拿破崙說起。滑鐵盧一役後，拿破崙宣布退位，英國人把他流放到聖赫勒拿島。在島上度過了短短不到 6 年的時間，拿破崙就離奇去世，死因眾說紛紜。英國人的屍檢報告中稱拿破崙死於嚴重的胃潰瘍，但有研究發現拿破崙的頭髮當中含有大量的砷，幾份不同年分的頭髮樣本中檢驗出的砷含量是正常量的 10 倍至 100 倍。因此有人認為拿破崙是被人下毒陷害致死。

可事情的真相令人跌破眼鏡，拿破崙身體裡超量的砷竟是來自壁紙上的綠色顏料。200多年前，大名鼎鼎的瑞典科學家席勒發明了一種顏色鮮亮的綠色顏料。那種綠色令人一眼難忘，遠不是那些天然材料製成的綠色顏料可以匹敵的。這種「席勒綠」因為成本低廉，一經投入市場就引起了轟動。不僅打敗了許多其他的綠色顏料，甚至還一舉攻占了食品市場。

據說有人用席勒綠給宴會上的食物染色，結果直接導致了三位客人死亡。席勒綠被商人們廣泛運用在肥皂、糕點裝飾、玩具、糖果和服裝上，當然還有壁紙裝飾。一時間，從藝術品到生活用品都被一片盎然的綠意包圍，當然也包括拿破崙的臥室和浴室。可席勒綠的成分是亞砷酸銅，其中的三價砷毒性劇烈。拿破崙的流放之地氣候潮濕，使用了席勒綠的壁紙因此釋放出大量的砷。

傳說綠色的房間裡絕對不會有臭蟲出現，大概也是因為這個原因吧。說來也巧，席勒綠以及後來同樣含砷的巴黎綠最後成了一種殺蟲劑。除此之外，這類含砷的化學染料後來還被用來治療梅毒，這在某種程度上啟發了化學治療的進程。席勒綠被禁之後，另一種更為駭人的綠色卻大行其道。

提起產生這種綠色的原料，現代人大概會立刻聯想到核彈和輻射，因為它就是鈾。很多人想不到，其實鈾礦的天然形態已經可以稱得上是絢麗了，號稱是礦石界的玫瑰花。人們最早開採鈾礦也是將其作為一種調色劑添加到玻璃當中。這樣製作出來的玻璃透著幽幽的綠光，著實好看。而鈾的氧化物又是明豔的橙紅色，也同樣作為調色劑添加到陶瓷製品當中。

在「二戰」之前，這些「能量滿滿」的含鈾製品還隨處可見。

直到核工業的興起，美國才開始限制鈾的民用。但在 1958 年，美國原子能委員會又放寬了限制，貧鈾再次出現在陶瓷廠和玻璃廠中。從天然到提取，從製作到合成，顏料的發展史說到底也是人類化學工業的發展史。這段歷史當中一點一滴的奇葩全都寫在了那些顏色的名稱裡。

骨螺紫、印度黃、鉛白、鉻黃、席勒綠、鈾綠、鈾橙。

每一種都是人類文明路上留下的腳印，有的踏實穩健，但有的卻不知深淺。記住這些走過的彎路，我們才能找到更平坦的直道。

參考資料：

◎ 芬利 V. 顏色的故事：調色板的自然史 [M]. 姚芸竹 , 譯 . 上海：生活 · 讀書 · 新知三聯書店，2009.

第四章
當大腦被寄生蟲支配

在描繪寄生生物的科幻作品中，恐怕《寄生獸》是最有意思的一個。在《寄生獸》中，來自宇宙的寄生生物大規模感染人類，它們蠶食人類的大腦，並寄生於人類頭部，完全操控失去意識的軀體，繼續捕食其他人類。這部作品確實給我們帶來了巨大的衝擊，但我們都清楚地知道，那不過是科幻作品，其中的某些邏輯甚至經不起推敲，隨意變形的能力更是無稽之談。

我們熟悉的寄生蟲無非就是那些偷偷鑽進體內，好吃懶做靠著宿主過活的低等小生物，雖然有些種類的寄生蟲會對宿主的健康造成巨大的傷害，但最多也就是一個巨大的拖累，所以「啃老族」也被叫作「社會寄生蟲」。

然而，寄生這件事並沒有你想像的那麼簡單。這些寄生生物不僅竊取營養，還能控制宿主的行為，將它們變為自己的傀儡。

在非洲一些國家，以及巴西、泰國等熱帶雨林地區，存在著一種神奇的寄生真菌，這種真菌的孢子遍布在各種植物表面，樹上的螞蟻在外出尋找食物的過程中很容易接觸到它們，並毫不知情地將其帶回巢穴。當螞蟻回到巢穴，會將這些真菌傳染給自己的兄弟姐妹。孢子透過酶進入螞蟻體內，螞蟻被感

染後，漸漸失去了自主能力，完全被真菌所操控，成了一隻「殭屍螞蟻」。

寄生真菌透過釋放生物鹼操控「殭屍螞蟻」，它們會離開巢穴，離開蟻群，尋找高度合適的樹葉。在「殭屍螞蟻」生命的最後幾個小時裡，它會爬到樹葉的背面，用下顎死死咬住樹葉中央的葉脈，在葉脈上留下特殊的死亡印記，等待生命最終的綻放。

這種寄生真菌操控著螞蟻為自己尋找到溫度、濕度最合適的地方，完成了菌株的萌發，釋放出孢子，生生不息地延續這一過程。這樣的輪迴已經持續了 4800 萬年，有考古學家在樹葉化石的背面發現了來自「殭屍螞蟻」死亡前的咬痕。當人們以為殭屍真菌的寄生手段已經足夠高明時，卻發現，「殭屍螞蟻」死亡後生長出來的真菌不止一種。

原來還有另一種真菌專門寄生於這種殭屍真菌，在螞蟻死亡後會破壞絕大多數的殭屍真菌，「劇情」堪比諜報片。也正因為這兩種真菌的對抗，讓被感染的螞蟻處於一個正常的平衡。

可憐的螞蟻除了要遭受真菌的控制外，還會受到某些線蟲的感染。螞蟻感染了某種線蟲之後，它的腹部會變得通紅，而且還會主動抬高腹部，在遠處看起來就像是成熟的小漿果。對紅色頗為敏感的鳥類會誤將被感染的螞蟻吃下，那麼這種線蟲就找到了一個更美好的宿主。

既然講到了線蟲，自然不得不提起大名鼎鼎的鐵線蟲。很多小時候愛抓蟋蟀、螳螂的朋友可能比較清楚，這兩種昆蟲都是很多寄生蟲的忠實宿主，鐵線蟲應該是最常見也最恐怖的一

種。

螳螂感染鐵線蟲後，鐵線蟲先會在其體內生長，並逐漸控制它的行為。等到鐵線蟲長為成蟲後，便會控制螳螂讓它對水產生強烈的欲望，最終讓螳螂跳入水中淹死，而鐵線蟲則進入了它自己的繁殖天堂。若是宿主在進入水源前發生了意外，失去了行動能力，就會發生恐怖的一幕，鐵線蟲會從宿主的腹部蠕動鑽出，這就是韓國電影《鐵線蟲入侵》的靈感來源。

同樣驚悚的還有一種雙盤吸蟲，它本寄生在鳥類的消化系統內，產出的蟲卵透過鳥類的糞便排出，落到植物上能感染經過的蝸牛。在蝸牛體內，這些蟲卵孵化成尾蚴，數百隻活躍的尾蚴寄生在蝸牛的消化系統，並形成一條帶有花紋的管道，直通蝸牛的長眼睛。

此時的蝸牛已經變成了一具傀儡，不再有恐懼的感覺，而且愛爬上枝頭，無所事事地遊蕩。雙盤吸蟲則會在蝸牛的眼柄中瘋狂蠕動，閃爍著它的斑紋，吸引鳥類來捕食，以完成它生命的輪迴。

說了這麼多，似乎都是離生活比較遙遠的，接下來的這個例子可能很多人在無意中都接觸過。有人在從市場買回來的螃蟹中發現了一些異樣，有些螃蟹的腹部長了一個大大的組織，不認真看的話還以為那是螃蟹的卵，奇怪的是不論公母似乎都會長有這樣一個奇怪的部分。那其實是一種寄生蟲爆出螃蟹體外的卵巢。

這種寄生蟲專門寄生於螃蟹，因此得名蟹奴，它通體柔軟，雌雄同體，幾乎沒有什麼行動能力，只有極其發達的生殖腺。幼體的蟹奴只是漂浮在水中的小型軟體動物，一旦它找到

一隻螃蟹，便會瘋狂地尋找蟹殼上的縫隙，將自己的軀體全部鑽入螃蟹體內，拋棄原本的表皮。進入螃蟹體內後，蟹奴會長出分支狀的細管，逐漸蔓延到螃蟹的各個部分，包括肌肉、內臟甚至是神經系統，吸取螃蟹營養的同時，完全侵占螃蟹的大腦。此時的螃蟹不再蛻殼長大，不再發育生殖器，完全成為蟹奴的傀儡。

蟹奴不斷生長，直到生殖腺發育，爆出螃蟹的體外，等待其他蟹奴幼蟲賜予它寶貴的精子（雌雄同體）。螃蟹就在蟹奴的操控下，窮盡一生為蟹奴養兒育女，最終一同死去。

被蟹奴寄生的螃蟹由於體內已經不再是單純的蟹肉，因此被煮熟後蟹肉會發臭，不能食用，認真想一想你是不是曾經吃過這樣的螃蟹呢？除了這些簡單生物能被寄生蟲控制思想外，當然也有寄生蟲能夠控制高等動物，甚至是人類。

愛貓人士也許聽說過弓形蟲引起的疾病，但肯定不知道弓形蟲的實力有多麼強大。弓形蟲是一種單細胞微生物，其最終宿主正是貓科動物。它寄生在貓的小腸內，產出囊合子（類似卵）隨糞便排出，經過 1 到 5 天後才具有感染能力（清潔得當的話，感染機率會較低），幾乎能傳染所有溫血動物，常見的家畜都是弓形蟲的宿主。

有意思的是，老鼠感染弓形蟲後，弓形蟲能劫持樹突細胞，在老鼠體內來去自如，無視免疫系統，甚至能突破血腦障壁，改變老鼠的多巴胺分泌機制，增加多巴胺的提供，讓老鼠對冒險充滿欲望，失去對捕食者的恐懼，更容易被貓捕食，這樣一來弓形蟲就找到了最終宿主，完成使命。

世界充滿了寄生現象，所謂控制思維與行為的寄生蟲其實也並沒有那麼神祕，其動機無非就是驅使宿主做出更利於寄生蟲繁殖的行為。正如前面的那些例子，有許多都是讓初級宿主主動暴露自己，吸引捕食者捕食，達到更換高級宿主的目的。

第五章
撓癢癢的進化論

提到古代刑罰，大家能想到的大多是鞭刑、杖刑等。而讓人想不到的是，在古代有一種奇葩的酷刑——笑刑。這種刑法不是針對人類的痛覺，而是針對人類的「癢」覺。

首先犯人會被五花大綁，動彈不得，就連他們的雙腳也會被固定在木枷之中。接著行刑者就會用鹽水或蜂蜜等塗滿犯人雙腳，再牽來一頭貪吃的山羊，讓它盡情地舔食腳底的美味。由於山羊舌頭上充滿倒刺，就算犯人天生不敏感，都會感到奇癢無比，癢不欲生，犯人會笑到窒息直至暈死過去。

因為笑刑對身體的傷害較輕，對比其他酷刑也不會留下傷痕，所以常常用於達官貴人的審訊和逼供。

如果可以選擇的話，想必不少人寧可選擇痛死，都不願意被「癢」折磨。可以説，「癢」幾乎是這麼多種感覺中最難忍受的存在。不過幾個世紀以來，「癢」卻一直被「痛」壓制，關於「癢」的研究少之又少。而且在過去，人們也一直把「癢」歸類為一種極其輕微的痛覺。

而生活中的「以痛止癢」的經驗，彷彿也在告訴我們「癢」是低級的痛覺。

就像我們被蚊子咬了，喜歡搔或者掐個「十字」，就是明顯的用「痛」來抑制「癢」的做法。除此之外，臨床觀察也有

不少支持癢和痛共用神經迴路的依據。例如常年受慢性疼痛折磨的病人，在切斷了痛覺神經中的一個部分（如脊髓丘腦束）後，不但沒有了疼痛，就連癢感也一同消失了，所以才導致了有人認為「癢」和「痛」就是同一種感覺。

但是隨著科技的進步，科學家才發現「癢」和「痛」完全是兩回事。關於「癢」，極易被科學研究所遺忘，它還是在科學家研究痛覺時才有了意外的突破。

2007 年，美國華盛頓大學的陳宙峰團隊在中樞脊髓中尋找與痛覺相關的基因時，無意間發現了一個控制胃泌素釋放肽受體（gastrin-releasing peptide receptor，GRPR）表達的神奇基因。

他們發現，把胃泌素釋放肽 GRP（一種很小的生物活性多肽，可以與 GRPR 結合，啟動 GRPR 來傳遞資訊）注射到小鼠脊髓中，小鼠立刻全身抓起癢來。

除此之外，如果把小鼠脊髓中表達 GRPR 的神經元殺死，無論研究員在小鼠身上注射何種致癢物（如組織胺和喹啉），小鼠都沒有抓癢反應。這說明了失去 GRPR 神經元的小鼠，竟完全失去了感受癢覺的能力。而讓人更驚訝的是，這些喪失了癢覺的小鼠，對各種疼痛的刺激反應則完全正常。通過這個「癢基因」的發現，人類第一次證明了「癢」和「痛」是可以在分子和細胞層面上分開的。

在陳宙峰團隊的意外發現之後，越來越多的科學家開始投入到關於「癢」的研究中，而他本人也成了關於「癢」研究的先驅與專家，並領頭建立了第一個關於「癢」的研究所。要知道，在這之前，全世界連專門研究「癢」的實驗室都沒有，而關於「痛」的研究則有不少。

不過雖然「癢」和「痛」的資訊是分開的，但這兩種感覺也沒有生分到老死不相往來的程度。

　　因為在神經通路的某一段中，癢和痛還是有可能共用同一段通路的。例如前文提到的患慢性疼痛病的病人案例中，醫生切斷了痛覺神經的一部分，其實這個過程中癢覺也同樣遭了殃。當「癢」的資訊在傳遞的時候，「痛」的資訊傳輸就會受到阻礙，反之，「痛」的資訊在傳遞的時候，「癢」的資訊傳輸也會受阻。科學家推測這也就是我們在一般情況下，不會同時感受到「癢」和「痛」的原因。

　　細心的人可能已經發現了，「癢」不但跟「痛」不一樣，而且癢覺還可以分為兩種。例如被蚊子咬和被別人撓胳肢窩，都用「癢」來表達，但實際上卻是非常不一樣的體驗，分別被稱為化學癢（chemical itch）和機械癢（mechanical itch）。顧名思義，化學癢是指由蚊蟲叮咬後由化學物質（如組織胺）引起的癢癢。而機械癢，最直接的感受便是用一根羽毛，輕輕地掃一下自己的腳板底。那一陣陣難以忍受的癢，就是機械癢。但無論是哪一種癢，對人類來說都是必不可少的存在。

　　現在經過科學家的研究，大家才知道原來小小的蚊蟲叮咬也可能會造成生命的危險。當我們大腦不知道這種潛在危險的時候，其實身體早已有了對應之策。

　　當一隻蚊子在你的身上準備飽餐一頓，蚊子腿掃到你身上汗毛的時候就會觸發你的機械癢，你便會察覺並把它趕走。如果你不幸被蚊子叮了一口，你的免疫系統分泌的組織胺則會讓你產生化學癢，讓你知道你已經被咬了，需要做出相應的措施，比如塗藥。毫無疑問，這種讓人難以忍受的癢感使你在不

準備在人身上飽餐一頓的蚊子

知不覺中主動遠離了這些昆蟲。

有意思的是，不光是人類，在自然界中，就算是那些沒有手的動物，也都在想盡各種辦法來給自己搔癢。例如大象喜歡用鼻子，海獅喜歡貼著岩石，而熊習慣性地蹭樹。就連海洋中最大的動物鯨魚，自己搔不到癢也招來一群鳥類幫它剔掉身上的寄生蟲。

科學家還認為人類非常熱衷相互搔癢（機械癢），也是具有進化目的的。神經科學家羅伯特·普羅文（Robert R. Provine）在《笑聲：科學調查》（*Laughter: A Scientific Investigation*）一書中就說道，我們之所以會笑，很有可能來源於搔癢。

他透過觀察各種猿類之間的搔癢打鬧後提出，人之所以會「哈哈」大笑，就是從打鬧時所發出的喘氣聲進化來的。這種搔癢行為除了可以加強夥伴間的社會聯繫外，還可以提高他們的反應和自我防衛的技術。畢竟很多我們能夠搔癢的地方，如肋骨、胳肢窩、脖子等，是搏鬥時最薄弱的地方。

年幼的孩童們透過這項看似遊戲的機制，可以達到訓練的作用，保證這些敏感的部位在受到侵襲時能有更敏捷的反應。所以不少科學家認為，「癢」幾乎是僅次於「痛」的一種自我防禦機制。沒有「癢」這種感覺，人類就很難在惡劣的原始森林中立足。

實際上，「癢」這種感覺遠比大家想像的更加複雜。而且大多數時候，它與皮膚完全沒有關係。作為一種大腦的感受，「癢」雖然涉及具體的神經通路，但也還受到許多因素的影響。例如有的人截肢後，在已經沒有了手或腳的情況下，還是能感覺到手腳奇癢無比，這也稱為「幻肢癢」。

　　在一項研究中，德國的一位醫學教授還進行了一次關於「視覺癢」的演講。演講的前半部分內容透過幻燈片展示了各種蟲子、跳蚤或正在抓癢的人等，可以被稱為「發癢幻燈片」。而演講的後半部分內容，則多由一些讓人感到舒服的圖片組成，如嬰兒的皮膚、游泳者等。

　　在整個過程中，沒有人告訴這些觀眾他們正在做一個跟「癢」相關的實驗。但透過攝影機的記錄可以明顯看出，在演講前半部分，觀眾們抓癢的頻率明顯增加。而在後半部分時，抓癢的頻率急劇下降。所以說，不論是外部化學或機械刺激都能引起搔癢，光是想一想，就能讓人們渾身難受。

　　不信你現在想像一下，有一隻小蟲子在你脖子上爬行？

　　不過有得就必有失，「癢」在保護人類的同時，也帶來了那些不愉快的體驗。俗話說「痛可忍，癢不可忍」，而受慢性癢折磨的人對這句話的體會會更深刻。畢竟那已經不是抓一抓就能解決的問題了。據德國的一項統計調查，成年人中有 17% 的人經歷過慢性癢的折磨。銀屑病（牛皮癬）、濕疹、肝膽疾病、糖尿病、內分泌失調等，都會引起慢性瘙癢，它們換著花樣來折磨人類。

　　曾有新聞報導過，一位患有帶狀皰疹（帶狀皰疹是由水痘—帶狀皰疹病毒引起，主要侵犯神經，導致神經鞘膜損傷）

的病人，因為頭部奇癢難忍就不停地抓撓。他當時只是想用「以痛止癢」這種「土療法」來獲取片刻安寧。豈知兩個月下來，他的頭皮已經被撓得鮮血淋漓。當醫生為他檢查時，他的頭部已經完全失去了痛覺，但還是奇癢難耐。

這種「以痛止癢」的方法，頂多可用於一些急性癢如蚊子叮咬等，對慢性癢不但沒用，反而可能會觸發可怕的「癢—撓」惡性循環。所以法國作家蒙田說「撓癢是大自然中最美好的事情，而且隨時隨地都能享用，但隨之而來的後悔則讓人心煩不已」。

不少人還因為嚴重的搔癢，發展到抑鬱甚至是動了自殺的念頭。更讓人絕望的是，還有研究表明不良的情緒還可以加劇慢性搔癢的程度，這真是一個惡性循環。

雖然「癢」這種感覺一直在陪伴著人類，但我們對「癢」的瞭解還知之甚少。就目前來說，科學家關於「癢」這種感覺的探索才剛剛開始，後面還有很長的路要走。

或許未來的某天，人類能靠科技克服這與生俱來的「不愉快感覺」。

第六章
第 23 個發明電燈的人

　　湯瑪斯・愛迪生，一個令人感到困惑的人。一個只上過三個月學卻持有 1093 項專利的成功人士。一個幾乎在所有中國孩子心中留下痕跡的道地美國人。毫不誇張地說，在中國的街頭隨便抓一個學生，十個裡有九個都能生動地講出愛迪生發明燈泡的故事：

　　愛迪生很早就下定決心要發明一種比煤油燈更好的照明燈。於是他苦苦尋找能通電發光的材料，但這些做燈絲的材料效果都不理想。愛迪生為了發明燈泡嘗試了 6000 多種材料，進行了 7000 多次實驗。終於如願以償找到能持續發光 45 小時之久的燈絲材料，也標誌著偉大的電燈被發明了出來！

　　這正印證了愛迪生的那句名言：「天才是百分之九十九的汗水加上百分之一的靈感。」

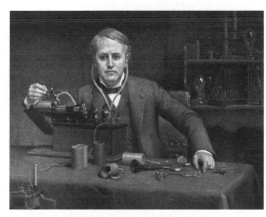

湯瑪斯・愛迪生（1847—1931）

但這故事最大的漏洞就是：小學沒畢業的愛迪生怎麼就知道電流能讓導體發光呢？

這也是故事著重凸顯愛迪生那百分之九十九的汗水而對前期那百分之一的靈感避而不談的原因。事實的真相是愛迪生在電燈的發明中連那百分之一的靈感也沒有，發明電燈的想法是他從英國人約瑟夫・斯旺那裡「借」來的。

約瑟夫・斯旺爵士是英國知名的化學家、物理學家和發明家。他早年在家鄉的藥店當學徒，跟隨一位藥劑師學習，出師後一直從事化學方面的工作。但斯旺個人最感興趣的研究還是電與光之間的神祕聯繫。早在 1848 年，20 歲的斯旺就開始著手研發電燈了，並在燈絲的材質選擇上有重大突破。

在斯旺之前已經有一些發明家嘗試使用金屬作為燈絲，比較常見的是鉑絲。但鉑絲成本非常高，並且 1768℃（1773℃）的熔點導致其耐用性較差，並不是一種好的選擇。斯旺嘗試用碳來替代鉑絲，碳的熔點高達 3500℃，不容易因為通電後的熾熱而熔斷。但碳也有一個很大的弱點——在空氣中容易燃燒，需要與氧氣隔離才能長時間工作。

斯旺的真空碳絲電燈方案就這樣敲定了。

他將一種硬紙板剪成馬蹄鐵那樣的弧形，然後放在坩堝中烘烤製成碳化的碳阻絲。

把碳絲兩頭接上導線封閉在一個鐘形玻璃罩內，並盡可能地抽出內部的空氣。導線接上電池的兩個電極，碳絲發出明亮的光芒，這便是最原始的白熾燈。

雖然斯旺的燈泡只亮了 13.5 個小時就燒壞了，但這不妨礙它成為一項偉大的突破。那一年，愛迪生才 1 歲。

由於當時電燈的前置基礎技術不成熟，用於供電的電池電壓低、耐久差，真空技術也沒發展起來。斯旺的電燈不僅沒有什麼實用價值，性能也相當差，糟糕的真空技術總是讓碳絲很快就燒斷。為此他一直在改進自己的這項發明，陸陸續續研究了 12 年之久。由於他始終無法突破耐用性這個瓶頸，在 1860 年徹底放下了實驗工作。這一年，愛迪生已經是個 13 歲的小報童了。

停下電燈研究工作的斯旺也沒有閒著，他涉獵廣泛，已經成了當地學術圈內小有名氣的人物。他從一家攝影底版製造公司的助手晉升為合夥人，還改進了當時的濕版火棉膠攝影法。斯旺設計了一種乾燥的攝影底版，用硝化纖維素塑料替代原先現場製備硝化纖維溶液的煩瑣步驟。15 年後，這項技術給美國的伊士曼帶來了靈感，他後來成立了柯達公司。

直到 1875 年，斯旺才又重新拾起最初的電燈研究。有兩方面原因，一個是因為英國物理學家克魯克斯為研究真空放電現象而改進了抽真空技術。另一個是比利時的工程師格拉姆和德國的西門子製造出了性能出眾的直流發電機。這兩項技術的完善讓斯旺看到希望，他只需要在製作燈絲的技術上努力就足夠了。

斯旺的電燈的確沒有因為燈泡中殘餘的氧氣而導致燃燒，但卻暴露出了另一個問題。碳化燈絲的電阻太低，原先採用電池供電並沒有明顯暴露出這個問題。如今採用直流發電機供電，碳絲在大電流的情況下就顯得弱不禁風了。雖然研究結果還沒有公開，但斯旺平日關於白熾燈的談論還是得到了圈內人的高度關注。

那一年，愛迪生在去懷俄明看日蝕的路上，閒談中從物理學家巴克的口中得知了斯旺的白熾燈。他頓時覺得白熾燈將來肯定會成為家家必備的照明設備，趁目前技術還不成熟趕緊加快研發搶占先機。

經過這些年，愛迪生可不再是個小報童了，他已經是發明了留聲機、同步發報機的大發明家。雖然他自己科學研究的水準不高，但他懂得用人之道，在他的實驗室裡不乏大學生和科學家，他立刻指派手下的科學家烏普頓協助研發白熾燈的工作。另一方面，白熾燈的研發還遠遠不到能應用的地步，愛迪生就已經成立了新的電燈公司，並且還登報宣傳他已經解決了電燈的各種配套問題，吸引了不少投資者。這也逼得斯旺不得不早早將自己還不算成熟的白熾燈拉上檯面展示。

1878 年，斯旺在紐卡斯爾化學協會上公開展示了他的白熾燈，但最擔心的事情還是發生了。燈絲還是由於過大的電流而被燒壞了，這個問題在次年的再次展示上才被解決。不過這並不妨礙斯旺在英國申請碳絲真空玻璃罩白熾燈的專利。

而愛迪生投入的大量財力人力也沒有白費，1879 年他的實驗室採用碳化棉絲製成了持久的白熾燈，並在年底公開展示了他的白熾燈。

斯旺得知後心裡很不爽快，他在《自然》雜誌上刊文指出：「15 年前，我就根據白熾燈原理將焦化紙和焦化紙板用於製造電燈，確切地說，我曾將它製成馬蹄鐵的形狀來使用，正如愛迪生現在使用它的樣子。」

譴責是徒勞的，發明最終還是要靠專利來說話。1880 年末，斯旺的白熾燈在英國獲得了專利，成了英國第一個白熾燈

專利。而愛迪生的專利就
沒那麼順利了，雖然申請
日期比斯旺早了幾個月，
但在 1883 年被美國專利局
判定是基於斯旺發明的延
伸創新，專利無效。

愛迪生上訴了 6 年之
久終於在 1889 年拿到了白
熾燈的專利。即使愛迪生
的商業天賦再高，也無法
撼動斯旺白熾燈在英國的
地位。

愛迪生白熾燈專利書

愛迪生公司的商業帝
國觸及英國市場，也不得不花高價購買斯旺的專利授權，最終
雙方合作在英國成立「愛迪萬」（EdiSwan）公司。

故事講完，你一定會以為白熾燈是斯旺發明的，那就未免
錯得有些離譜了。如果說電燈是英國人斯旺發明的，那俄國人
就肯定不願意了。在他們的國家，前有洛德金於 1872 年發明
的白熾燈，後有亞布羅契科夫於 1875 年發明的「蠟燭」碳棒
電燈。

如果說電燈是俄國人發明的，那德國人又肯定不願意了。
德國人亨利·戈培爾 1854 年發明的碳化竹絲白熾燈當時就可
持續照明 400 小時，那時他還沒有加入美國國籍。

如果說電燈是德國人發明的，那英國又會重新回到不願意
的行列。因為在 1801 年，大化學家、英國皇家學會會長大衛

就通過實驗讓鉑絲通電發光。8年之後，大衛和他的學生法拉第一起研製了碳棒弧光燈，但因為亮度太高損耗太快所以不適合家用。

電燈究竟是誰發明的？是把電燈推廣到每家每戶的第23個發明人愛迪生，還是更早製作出實用白熾燈的其他發明者？

都不是，沒有人真正發明了電燈，電燈只是人類科技發展道路上一個必然的里程碑。

沒有直流發電機技術，沒有成熟的真空技術，沒有電學理論的基礎，就算帶著現成的電燈回到那個年代也仿造不出合格的產品，斯旺的經歷就是最好的例證。

各國間關於電燈發明之爭，無非只是為了顯示國家科技的突破而已，即使有一萬個理由都不能把這全人類共創的成果貼上標籤據為己有。

參考資料：

◎ 宋牧襄.《斯萬對愛迪生──電燈發明的競爭及思想的交互》[J]. 中國工程師, 1996(3).

◎ 黃飛英，黃建東.《發明電燈的專利權究竟屬誰》[J]. 發明與革新, 2001(4).

◎ 陳金波.《看愛迪生微創新造出了什麼》[J]. 中國機電工業, 2011(6).

第七章
食人族與神祕病毒

　　傳染病與人類可謂是相伴相隨，千年萬年來從未改變。我們對嘔吐物、排洩物以及各種體液產生的「噁心」反應正是拜這些傳染病所賜。凡是對這些充滿病原體的物質堆無所畏懼的，在歷史進程中都被大自然淘汰了。即便人類將這些防範措施寫進本能裡，但還是無法擺脫鼠疫、天花、梅毒這些恐怖的瘟疫。直到現代醫學發展起來，情況才有所好轉。可當我們認為我們的醫學已經足夠高明時，傳染病還是一波又一波地襲來。

　　恐怖的伊波拉病毒就是最典型的例子。伊波拉病毒能導致嚴重的出血熱，患者的症狀包括發熱、噁心、腹瀉等，很容易被誤診為一般的流行性感冒，錯過治療的最佳時機。短短幾天後，被忽視的患者開始周身疼痛，七竅流血不止。同時體內的各個器官開始變形壞死、慢慢分解。臟器的碎片與血水一起被患者嘔出，甚至連腸子都吐出來，極其慘烈。最後患者全身布滿出血的孔洞，輸液扎下的小孔都會往外滲血。

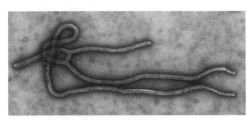

伊波拉病毒

因此有人形容染上伊波拉的人，會在你面前慢慢融化掉。

生物學上有一項重要的指標，叫作生物安全等級，級別越高越危險。

HIV 病毒（愛滋）是 2 級，SARS 病毒一般被歸為 3 級，而伊波拉則是最高的 4 級。科研人員要操作伊波拉病毒必須在安全等級同樣為 4 級的實驗室進行。所有要接觸病毒的科研人員都必須裹得跟粽子一樣。不過，就算是這樣恐怖的病毒，也還有一線生機。2016 年世界衛生組織（WHO）宣布，加拿大公共衛生局研發出了高效的伊波拉疫苗。另一方面，中非農村地區的居民有約五分之一的人在感染中倖存下來，他們擁有伊波拉的抗體。

然而，在伊波拉病毒之外還有更顛覆人類認知的東西存在，它甚至都不能夠算是嚴格意義上的生物。它沒有 DNA，也沒有 RNA，僅僅是種結構異常的蛋白。被它感染的人，不會有猛烈的恐怖症狀，只不過是一些不自主的顫抖，爾後逐漸失去運動能力，毫無由來地發狂大笑。一年之內便會不省人事，最終被死神帶走，無一例外。

任何人只要被它感染，死亡率為 100%，有時候甚至都讓人懷疑這是不是一種遺傳疾病。因為從患者已經海綿化的腦中，檢測不到任何致病菌或病毒。

而關於它的事情則要從 20 世紀講起。在大洋洲的巴布亞紐幾內亞，有一個很原始的土著部落，他們稱自己為弗雷人。弗雷人世世代代都在這裡生活，千百年來也算是生活和諧幸福。但在 20 世紀 50 年代，一種莫名的疾病突如其來，部落裡有不少人開始感到頭疼、關節疼，還伴有不自主的顫抖。因為

這個症狀，弗雷人把這種未知的疾病叫作「庫魯」，意為害怕地顫抖。

漸漸地，患上庫魯病的族人除了顫抖外還會失去大部分的運動能力，直至不再能夠行走。

同時，他們說話也變得含糊不清，看起來就像癡呆了一樣。病情嚴重的時候還會突然毫無徵兆地手舞足蹈起來。不到半年的時間，這些得了庫魯病的族人就基本失去了所有記憶。

但他們卻時不時像發了瘋一樣詭異地大笑，彷彿知道了什麼愚蠢的事實。

庫魯病在弗雷部落中十分流行，當時每年有超過 200 人死於庫魯病。起初，人們認為庫魯病是一種高發遺傳疾病。可是有一位叫蓋杜謝克的美國科學家不信邪，他自始至終都認為庫魯病是一種傳染病。在 20 世紀 50 年代中期，他毅然前往巴布亞紐幾內亞的原始森林，對庫魯病展開調查。

蓋杜謝克一開始猜想庫魯病的致病源是微生物。但經過一輪調查和實驗，並沒有發現這些庫魯病患者身上有什麼異常的微生物。既然不是細菌真菌這類微生物，那會不會是由病毒引起的。結果又是否定的，搞得蓋杜謝克有些氣餒。他再次冥思苦想，突然靈光一現覺得可能是某些毒害物質導致的。這個想法驅使著蓋杜謝克開始著手重新調查，他先從弗雷部落的日常食物、飲用水、土壤環境查起，可依舊沒有發現什麼可能的致病源，很是讓他費解。難道庫魯病真的是某種遺傳疾病？

不願服輸的蓋杜謝克索性跟弗雷人一起吃住，仔細研究他們的生活。

這天，部落裡一位德高望重的長者因為庫魯病去世了。為

了追思這位長者，部落裡準備舉行莊重的悼念儀式。蓋杜謝克表示很感興趣，希望能參與其中，弗雷人很熱情地同意了。當晚，部落裡逝者的親朋好友聚在一起，似乎要做些什麼祕密的事情。蓋杜謝克湊上前去，只見族人將逝者的頭顱割下，砸開取出腦子，切開分給在場的每一個人。

這會兒他想退出似乎是不可能了，只好硬著頭皮接過分給他的腦片。這片腦子最終並沒有被吃掉，而是被蓋杜謝克帶回了實驗室。他將這片大腦研磨成漿，對其做了各種檢驗，但依舊沒有任何收穫。

不過，蓋杜謝克卻有了一個大膽的想法，可以驗證庫魯病到底是不是傳染病。他把從腦子裡抽取的蛋白粒子放進了開在猩猩腦袋上的洞裡。一段時間後，這只猩猩果然出現了庫魯病的症狀。但是把經過蛋白酶處理後的蛋白粒子放入猩猩的腦中卻不會引發庫魯病。

蓋杜謝克大膽地提出了庫魯病是一種類似於人類庫賈氏病（Creutzfeldt-Jakob Disease，CJD）病以及羊瘙癢症的病症，可能是由一種超出認知的病毒造成的。

然而直到 1982 年，蓋杜謝克認為的這個超出認知的病毒才有了正式的名字，美國生物化學家普魯辛納發現了一種不知道如何定義的物質——朊病毒（普里昂蛋白）。雖然通常稱其為病毒，但它與真正的病毒完全不同，朊字更能體現其蛋白質的本質。

這種微小的物質展現出了驚人的抗性，紫外線照射、電離輻射、高溫、各種生化試劑都無法破壞它。甚至人體內的胃酸、蛋白酶都無法破壞它的結構。

朊病毒進入人體竟然不會引起免疫系統的警覺，這也導致了朊病毒引發的病症難以診斷，通常要等到患者死亡後才能確診。可是僅憑蛋白質又是如何做到在感染者體內繁殖致病的呢？最簡單的猜想就是朊病毒以蛋白質本身作為遺傳物質，透過逆轉譯和逆轉錄的方式產生 DNA，從而指導宿主體內的細胞複製自身。但這樣的過程需要逆轉譯酶和逆轉錄酶的存在，並不合理。

　　就在人們開始猜想之時，科學家對朊病毒的研究又有了重大突破：研究者發現人體內存在一種與朊病毒十分相似的蛋白質。朊病毒與這種蛋白質僅僅存在空間結構上的差異，這正好解釋了為什麼朊病毒不會引起免疫系統的反應。進一步的研究發現，朊病毒可能與正常的蛋白質聚合並將其轉變為與朊病毒相同的蛋白質。這些朊病毒不斷聚合在一起，形成了聚集纖維，並在人的中樞神經細胞堆積，最終損害神經系統。

　　這種假說雖能比較完美地解釋朊病毒的致病機理，但具體的過程依舊沒有得到證實。

　　朊病毒引發的病症主要出現在高級哺乳動物身上。它可以引發瘋牛病、羊瘙癢症、海豹腦海綿化症、庫魯病、庫賈氏病。主要傳播方式是食用被感染個體的肉，因為其耐 300℃ 的高溫，烹煮也無濟於事。人一旦感染發病，幾乎無計可施，沒有疫苗，干擾素也毫無作用，只能等死。

　　朊病毒的爆發其實離不開同類相食的行為。

　　1996 年，在英國爆發了震驚世界的瘋牛病事件，成千上萬頭牛發瘋後死亡。瘋牛病爆發背後的原因正是牛飼料中添加的牛骨粉。正如弗雷部落分食逝者屍體，他們希望以此完成靈

魂的輪迴，誰知道真正完成輪迴的是朊病毒。最新的研究發現，在一些吃過人肉但健康的弗雷婦女身上發現了抵抗朊病毒的基因，在全世界範圍內的調查也發現了同樣的情況。

這似乎表明，在幾十萬年前，人類一直遭受朊病毒的侵襲，自然選擇導致了這些基因的流傳，也就代表曾經人類吃同類是非常普遍的行為。

我們今天不再有「人吃人」的習慣，甚至聽聞這樣的行為都會感到作嘔。也許這就是朊病毒在人類身上留下的印記吧。

第八章
千年法老的詛咒

「誰要是干擾了法老的安寧，死亡就會降臨到他的頭上。」

1923 年 4 月 23 日，法老圖坦卡門陵墓挖掘工作的資助人卡納馮伯爵在旅館中神祕去世。英國的各大報刊相繼報導了這起離奇的事件。報導中稱，卡納馮伯爵在法老陵墓被發掘不到半年內，左臉被奇怪的蚊子叮咬。他在刮鬍子的時候不小心刮破了這個凸起的疙瘩，隨後便高燒不退，幾天後就一命嗚呼。

更離奇的事還在後面，據檢驗圖坦卡門木乃伊的醫生說，法老的左臉頰有一處疤痕。這個疤痕與卡納馮伯爵被叮咬的位置居然完全一致！卡納馮伯爵去世的當天，開羅還發生了全城大停電事故，他生前在英國養的狗也離奇死去。之後，除了卡納馮伯爵外，先後有 22 名參與圖坦卡門陵墓發掘工作的員工在 3 年內相繼死於意外。

這便是駭人聽聞的法老

法老圖坦卡門陵墓

詛咒傳説。

　　可以肯定的是，這些説法都是出自近百年前的各大報刊，並非來自於「地攤文學」的杜撰。即便如此，事實的真相與報導之間就不存在偏差了嗎？非也，要理清楚整個事件的來龍去脈，還要從當年發現圖坦卡門陵墓的新聞説起。

　　20 世紀初，是一個全球性侵略和擄掠的時代。西方帝國主義瘋狂殖民，資本家們瘋狂壓榨，所有人都沒能逃過時代的魔爪。就連躺在陵墓中安靜的古埃及法老們也沒能躲開這個野蠻的時代。位於尼羅河西岸沙漠的帝王谷，是古埃及新王朝時期法老和貴族的主要陵墓所在地。這裡也是千百年來盜墓賊們最嚮往的地方。到了 20 世紀，幾乎所有在帝王谷的法老陵墓都已經被盜墓賊掘光了，只剩下那位英年早逝的年輕法老圖坦

古埃及遺跡

卡門的陵墓了。

　　圖坦卡門 9 歲繼位，不到 20 歲駕崩，在位時曾終止前王的宗教改革，將首都遷回底比斯。這些史料，考古學家從史書和寺廟浮雕上已經熟知。可是卻從來沒有人能找到他陵墓的入口。從 1902 年開始，美國富有的業餘考古愛好者大衛斯開始在帝王谷開展發掘工作。

　　大衛斯雇用了一批考古人員，在帝王谷內發現了一座小型礦坑。其中散落著大量的瓦罐，瓦罐裡塞有亞麻布、已經破損的泥質印章、麻布袋、木屑、乾花和大量碎瓶子等。這些物品被送到紐約大都會博物館，經過鑒定，確定其中的一些物品是製作木乃伊的工具，並且泥章和亞麻布碎片上都寫有圖坦卡門的名字。

　　隨後大衛斯又在附近發現了一座簡陋的小型陵墓，他認為那就是被盜過的圖坦卡門陵墓。大衛斯堅信這就是那個隱藏極深的法老陵墓，因此他放棄了原本在帝王谷的考古特權。

　　實際上被發現的那些物品和小陵墓也許不過是一些工匠的安葬之地。之後帝王谷的考古權被英國貴族，第五代卡納馮伯爵喬治‧赫伯特取得。卡納馮伯爵當時因病在埃及休養，受到考古熱潮的影響，漸漸成了一名考古愛好者。像美國人大衛斯一樣，他也開始雇用專業的考古人員，其中就有後來名揚世界的霍華德‧卡特。

　　雖然卡納馮伯爵與考古隊兩者都相信大衛斯的說法，但卡特心中還是抱有隱約的希望。

　　卡特本人制訂了極其詳盡的考古計畫，但直到 1922 年初都沒有任何可喜的成果。近 5 年的挖掘工作讓伯爵的財務狀

卡特在圖坦卡門陵墓

圖坦卡門陵墓的完整密封件

況陷入了困境，已經不能支援更多的挖掘工作了。但卡特還是強烈建議再堅持一個季度的挖掘，並表示如果沒有任何發現，經費由自己承擔，卡納馮伯爵同意了。

很快他就會為自己的心軟而感到慶幸，挖掘工作因一個意外發現而變得豁然開朗。

工人在清理拉美西斯二世陵墓挖出的碎石時，無意中發現了通往陵墓的第一級石階。隨後經過進一步清理，石階通向了一個由巨石封住的門廊。移開巨石，出現了第二個門廊，上面刻有圖坦卡門的名字，這是令人振奮的發現。但卡特並沒有貿然闖入，而是迅速發了一份電報通知卡納馮伯爵。伯爵聞訊後，迅速趕來埃及共同見證這一偉大的發現。

由於之前遭遇過車禍，卡納馮伯爵的身體極度虛弱，此前他都是躲在遠處視察考古工作的。

這次的發現讓他忍不住親自與卡特一同進入陵墓。

而蹊蹺的事隨著他們的闖入開始出現。圖坦卡門陵墓被打開的同一天，卡特養的金絲雀死去，這本是意外，卻被傳出是被眼鏡蛇咬死的。這隻本被挖掘工人當作吉祥物的金絲雀被象徵法老的眼鏡蛇所殺，在很多人看來正是法老詛咒應驗的前奏。

　　隨後，傳說考古隊在陵墓前廳的兩座高大雕像的背後發現了用楔形文字寫的警告：「我是圖坦卡門國王的護衛者，我用沙漠之火驅逐盜墓賊。」

　　而在圖坦卡門棺槨附近有一塊銘碑，上面寫著那句著名的話：「誰要是干擾了法老的安寧，死亡就會降臨到他的頭上。」次年，在闖入法老陵墓的 4 個月後，卡納馮伯爵被一隻蚊子叮咬。隨後因為肺炎離開了人世。當天開羅全城停電，持續了 5 分鐘。

　　卡納馮伯爵去世的第二天，各大關注法老陵墓挖掘工作的報紙幾乎都在頭版頭條報導了這件事。這些報導的標題人多都提到了「法老的詛咒」、「法老的復仇」等聳人聽聞的字眼。

　　隨後越來越多的陵墓考古人員非正常死亡事件被報導，繼而與法老的詛咒扯上關係。美國鐵路業巨頭喬治·傑戈德，走進了圖坦卡門的陵墓，仔細地參觀了一遍。但第二天傑戈德便無緣無故地發起了高燒，

法老石棺

並且在當天夜裡猝死。

法國埃及學家喬治·貝內迪特在參觀了坦卡門陵墓之後摔了一跤，這一跤就要了他的性命。同年，勒·弗米爾教授在參觀了圖坦卡門陵墓後的當天晚上，就在睡夢中死去。英國實業家喬爾·伍爾，他在參觀之後發起了高燒，接著就莫名其妙地去世了。

第一個解開裹屍布，並用 X 光透視圖坦卡門法老木乃伊的解剖學專家齊伯爾特·德利教授，才拍了幾張 X 光片就發起了高燒，身體急劇衰弱。他不得不帶病回到倫敦，第二年就死了。

被報導死於法老詛咒的人數多達 22 位，似乎沒有人能擺脫死亡的命運。

然而首批進入圖坦卡門陵墓的人員中非正常死亡的只占了5% 左右。打開陵墓時，在場的 26 人中，只有 6 人是在 10 年內死去的。參與開棺儀式的 22 人中，只有兩人去世，而親眼見過木乃伊的 10 個人，在 20 世紀 30 年代仍然活著。

實際上並沒有證據可以證明所謂的咒語銘文真的存在，開羅的停電也並非小機率事件。之所以會有這些危言聳聽的報導出現，除了卡納馮伯爵意外去世的原因外，還有一個十分重要的原因。當年卡特對外宣布發現了圖坦卡門陵墓後，英國的《泰晤士報》花了 5000 英鎊買來了陵墓挖掘的獨家報導權。幾乎所有媒體的新聞和圖片都靠《泰晤士報》施捨。他們被攔在陵墓外，無法獲得第一手資訊，這樣的行為引起了許多媒體的嚴重不滿。

於是，為了能搶占市場，很多媒體開始報導一些考古的花

邊新聞，甚至迎合大眾的口味憑想像力捏造了許多故事。這些媒體打擦邊球的水準也實在是高，報導中聲稱去世的人都是確有其事。只不過大多正常死亡的案例都被隱瞞了他們生前的健康狀況，死因也被添油加醋地大肆渲染一番。

還有些只是同名不同人，與法老根本沒有任何關聯，也硬生生地被當成是死於法老詛咒的考古人員。

若法老的詛咒真的應驗了，那為何考古隊的領隊卡特64歲時死於癌症，超過當年的人均預期壽命。另一位親手將圖坦卡門木乃伊肢解並取出的醫生道格拉斯·德瑞也在那之後活了幾十年。至於傳說的源頭卡納馮伯爵，實際上死因也並不算離奇。他早在發現圖坦卡門陵墓之前身體就已經十分虛弱，死於感染也實屬正常。

近幾年的研究發現，幾千年前的墓室中存在不少例如黃黴菌、葡萄球菌等微生物。卡納馮伯爵的死也許就是墓室中這些微生物所造成的。

奈何真相不如離奇故事吸引人。之後的各種文學作品、影視作品像是發現了新大陸，大量關於木乃伊詛咒的題材不斷湧現，掀起了一股神祕考古風的熱潮，著名的「印第安那·瓊斯」系列電影便是其代表。

得益於人民強大的創造力，圖坦卡門這位在位僅僅9年的法老，成了最知名的古埃及「明星」。

第九章
啟蒙中國近代化學的一股神祕的東方力量

很多高中生認為化學是一門打開書頭疼，合上書迷茫的學科。尤其是那個化學元素週期表，前面的還唸得出來，越到後面，越懷疑自己的語文水準。

鉨鎄鍀鋯鈮鉬鐯釓鈸鈀銀鎘銦錫銻碲碘氙銫鋇……宛如一張生僻字大全表。例如「氙」字，有不少人就不知道它的讀音其實是ㄒㄧㄢ。

所以說，只背化學元素週期表前二十個元素，已經是很幸福的事了。

把好端端的一個元素週期表搞成那麼多生僻字是何原因呢？細說後，你就會更加感慨中文的博大精深了。中文版的元素週期表其實是一個精妙的設計，如果要硬拉關係，這事還跟明太祖朱元璋有很大淵源。

朱元璋（1328—1398）

故事要從朱重八奪下了政權說起。

朱元璋小時候家裡窮，在稱帝之後為了彰顯朱家深厚的「文化底蘊」，他親自寫下了20多首五言詩，欽定了老朱家未來所有男丁的名字，而且這些名字至少兩、三百年不重樣。

當然太祖也沒有那麼「不講理」，還留了點自由發揮的空間。他規定，朱家子孫名字的第一個字按輩分取，第二個字則要遵循五行相生以「木火土金水」的順序取。

朱元璋這一規矩影響深遠，儘管朱家人只掌控著自己名字中半個字的自由，但他們在太祖逝世後依舊默默遵循著。

可是沒多久問題就出現了，字不夠用了。尤其是火字旁和金字旁的，人家就算只能選半個字也要力求個性啊，總不能和自己的遠房親戚一個名字吧。於是他們翻遍了各種舊書古籍，把那些生僻的字全都挖出來了，甚至還造出了不少奇奇怪怪的字。

可以感受一下：

永和王	朱慎鐳	封丘王	朱同鉻	魯陽王	朱同鈮
瑞金王	朱在鈉	宣甯王	朱成鈷	懷仁王	朱成鈀
沅陵王	朱恩鉮	長垣王	朱恩鉀	慶　王	朱帥鋅
弘農王	朱寊鑭	韓　王	朱徵釙	稷山王	朱效鈦
內丘王	朱效鋰	唐山王	朱詮鈹	新野王	朱彌鎘
伊　王	朱諟釩	金華王	朱翊鉻	臨安王	朱勤烷
楚　王	朱孟烷	永川王	朱悅烯	唐　王	朱瓊烴
伊　王	朱顒炔				

是不是覺得很眼熟？這「朱家的家譜」根本就是小半個元素週期表。正是朱家人的「進取精神」，才讓這些生僻字流傳

了下去。

你可能覺得這些不足為道，那就有必要聽一聽中國近代對化學術語翻譯的故事了。自古以來，中國對外來專有名詞都遵循以音譯為核心不動搖的方針，像是英特納雄耐爾（International）、常凱申（錯譯自蔣介石的韋氏拼音 Chiang Kai-shek）等等。

如果按照這種翻譯方式來翻譯學術名詞，那肯定是個災難。這裡就有一個活生生的例子——日本。日本在發明假名的文字書寫方式後，幾乎所有的外來專有名詞都用片假名拼出，雖然說這樣做有很大的靈活性，瞬間就可以吸收大量外來詞語，但是從翻譯理解角度講，這跟沒翻譯基本沒區別。例如元素週期表裡的「鈉鎂鋁矽磷」日語分別拼寫為「ナトリウム、マグネシウム、アルミニウム、ケイ素、リン」（羅馬音 Natoriumu, maguneshiumu, aruminiumu, keiso, Rin）」。

想想看，日本的孩子們是如何背誦化學元素週期表的？有沒有對我國的版本感到欽佩？

這就要感謝徐壽（號雪村）了。

徐壽是個很有意思的人，他是清末科學家，中國近代化學的啟蒙者。和朱元璋一樣，他小時候家裡也很窮。但是他天資聰睿，青少年時便研讀經史、諸子百家，做什麼都很有自己的想法。但是，有時候看上去順利的事，往往結果都不盡如人意，他在參加科舉考試的時候失敗了，經過深刻反思，他發覺這樣讀書沒什麼用，於是就將注意力放到了技術方面，開始學習科學，為民效勞。

後來，徐壽和傅蘭雅（英國人，在華翻譯了相當多的西方

書籍，此處他主要負責向徐壽口述書中原意）合著了《化學鑒原》一書中，當時他創造性地使用了偏旁部首表元素的狀態，而另一半表英文首音節讀音的方法，實現了用一個漢字就能指代化學元素的壯舉。

而他所使用的字就有不少是出現在朱元璋後世子孫的名字中的，例如鈉、鉀、鉻、鈮等。雖然這些字也不全是在明朝被生造出來的，但的確是明朝的皇族們重新將它們挖出來的，比方說鉀字，在北宋修訂的《廣韻》中就有記錄，但現在它早已失去了本意，成了專職的元素名稱。

但這些字也不能滿足當時的需求，徐壽又生造了一些，例如鈣、鎂、鉒、鉍等聞所未聞的生字。儘管用了一些造字，但大大降低了科學著作的閱讀門檻，要知道那個年代中國可是連阿拉伯數字都還沒引進呢。

徐壽（1818—1884）

包括後來的有機化合物簡稱也是受了徐壽這種翻譯法的影響，這裡面當然也有朱元璋的功勞，例如烴、烯、炔，以及後來的碳氧化合為羰，氫氧化合為羥。與其說這是中國人翻譯史上的神來之筆，不如說是智慧前人的偉大創造，尤其是有機化學的名詞創造，都可以寫成一本小說了。

毫不誇張地說徐壽偉大

的翻譯工作啟蒙了那個時代中國的化學，其影響之深遠，從現代有機化學中各類化合物的名稱中也可以窺斑見豹了。

參考資料：

◎ 鐘葵. 朱元璋規定後代取名要用「五行相生法」[N/OL]. 廣州日報，2015-08-09. http://www.xinhuanet.com//local/2015-08/09/c_128107542.htm.

◎ 楊根. 我國近代化學先驅者徐壽的生平及主要貢獻 [J]. 化學通報，1984(4).

第十章
人體自燃，意外還是謀殺？

　　1853 年，英國著名的批判現實主義作家狄更斯出版了自己最長的作品之一——《荒涼山莊》。這部揭露英國司法黑暗的小說被認為是狄更斯的最高成就，但在其眾多優秀的代表作當中顯得有些黯淡。

　　今天《荒涼山莊》卻被不少超自然現象愛好者津津樂道，其原因來自書中提及的人體自燃現象。為此，狄更斯還遭到了當時不少社會名士的炮轟，稱其宣揚迷信。實際上，他也不過是想表達邪惡最終必定自我滅亡，為何偏偏選中了吊詭的自燃？

　　在狄更斯的時代，人體自燃事件算是一個頗具爭議的話題。人體自燃現象似乎集合了所有「未解之謎」的完美

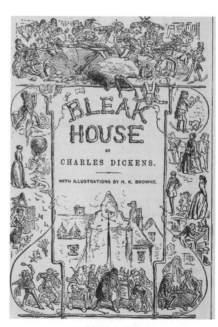

《荒涼山莊》

特徵。它悠久、神祕、驚悚、匪夷所思，卻又有跡可循，讓人永遠在尋找那個合理的解釋。

追本溯源，最早關於人體自燃事件的記錄出自 17 世紀一位學者的描述：

「1470 年，一個義大利人在家中飲酒，當晚發生了離奇的自燃現象，酗酒者因此而亡。另一個案例稱在 1725 年，法國萊茵一戶人家嗜酒如命的女主人米勒被發現燒死在廚房火爐旁。遺體面目全非，只剩下部分頭顱、下肢以及少許脊椎。」

更權威可信的報告在 18 世紀出現。英國倫敦的《哲學學報》上刊登了一篇關於人體自燃的調查報告。報告中描述道：

「1731 年，62 歲的伯爵夫人班迪（the Countess Cornelia Bandi）吃過晚餐之後，心情不暢，隨後在女僕的陪同下回臥室就寢。翌日，家中女僕驚恐地發現女主人竟化為了一堆灰燼，一個大活人被燒得只剩下部分頭顱和四肢。同時房間裡彌漫著奇怪的油煙味，窗戶上留有油膩且令人作嘔的黃色液體。」

最終，報告中將原因歸咎於酒精。

不難發現，這些被認為死於自燃的受害者都有很明顯的共性。他們的軀幹幾乎都被燒成了灰燼，只剩下部分四肢與頭顱。我們知道就算是火災中的遇難者遺體也不過被燒得蜷縮焦黑，從未聽說有化作灰燼，還能留下殘肢。

吃過烤鴨燒雞的人都知道，在火爐裡最先烤焦的一定是四肢的末端處，四肢殘留軀幹燒盡實在是蹊蹺。除了死狀奇特之外，自燃現場除了與受害者直接接觸的物品外，並沒有其他可燃物被引燃。

這也是為什麼幾乎所有自燃案件都只在事後才被發現，從未有人親眼目擊。綜合來看，這些案件並不是由周圍環境起火造成的，更像是人體變成了燃料。也許祕密來自這些受害者體內的某些特質，那會是什麼呢？

　　英國維多利亞時代的一位醫生林斯利調查了 1692 年至 1829 年間發生的 19 起人體自燃事件，發表在《記錄和疑問》雜誌上，並總結了受害者的特點：長期酗酒者和沉迷酒精者。

　　其實當時酒精導致人體自燃發生的說法十分流行，甚至有作家認為自燃就是上天對酗酒者的懲罰。

　　真的是酒精造成了這一系列的神祕現象嗎？

　　很幸運，在那個時代已經湧現出了一批具備科學精神的學者，德國的大化學家李比希就是個典型。之前狄更斯被炮轟之事就有李比希的一份「功」，對於酒精導致人體自燃的說法他當然不會贊同。但是科學家不會信口胡謅，還是要靠實驗來證明自己的觀點。

　　李比希將大量酒精注射到老鼠體內，並做燃燒實驗。結果，即使老鼠體內的酒精含量達到 70%，也並沒有使其變得更容易被點燃。李比希的實驗確實

李比希（1803—1873）

證明了體內酒精含量高並不是人體自燃現象的原因，但是受害者中酗酒者比例極高也是不爭的事實，這其中必然有什麼關聯。

一個在人體自燃中倖存下來的特殊案例或許能帶我們接近真相。

義大利牧師貝多利曾周遊全國，某天正好來到姐姐所在的城市，就在那借宿。當晚，牧師向姐夫要了一條手帕，說是衣服磨得肩膀難受，想墊一墊。他姐夫將手帕送到房間便離開了，留他一個人在房中禱告。可沒過多久，牧師發出了痛苦的呼救聲，眾人衝進房間，只見牧師全身被火焰包圍，痛不欲生。

火焰消退後，牧師的右臂被燒得面目全非，肩膀與大腿也受到不同程度的損傷。雖然撿回了一條命，但牧師的日子並不好過。之後的幾天裡，他的病情不斷惡化，出現了異常的口渴、嘔吐、抽搐等症狀。

最奇怪的是他的主治醫生形容他的身體發出了腐肉般的惡臭，坐過的椅子也留下「腐爛和使人噁心的物質」。

第四天，牧師在昏迷中死亡。隨後，他的主治醫生將這個病例刊登在了 1776 年的《佛羅倫斯學報》上。

這個人體自燃案件顯得有些特殊，除了受害者沒有當場死亡外，他的身分也十分特別。

作為牧師他不會與其他多數受害者一樣是酗酒者，但他身體的症狀暴露出了很多線索。口渴、嘔吐、抽搐、氣味惡臭，這些症狀在今天看來極有可能是糖尿病所導致的酮症。

酮症是由於機體代謝紊亂或糖類攝入不足，脂肪大量分解代謝，產生並堆積丙酮等酮體物質，引發中毒。在胰島素問世

之前，大多數糖尿病患者都死於酮症。不過，酮症的病因不止糖尿病一種，除了最常見的饑餓性酮症外，還有一種酒精性酮症，多發於長期酗酒者。

這就不可能是巧合了。酮症所產生的酮類物質都是易燃物，尤其是丙酮，易燃性並不亞於酒精。有人嘗試過用浸泡了丙酮的生豬做燃燒實驗，據說最終的效果與那些自燃現場如出一轍。而殘存的四肢也有了新的解釋，是因為這些部位脂肪含量較低，囤積的酮類物質較少，所以沒有成為灰燼。

那麼，人體自燃之謎解開了嗎？實際上即使酮症假說成立，也只解釋了人體如何在普通環境中燃燒成灰燼的問題。而真正被神祕現象愛好者們重視的是人體如何自發地燃燒。要調查清楚這個問題，光靠歷史久遠只有文字記錄的案件是遠遠不夠的。在現代刑偵技術發展起來後，對此類案件的調查會更有參考價值。

1951 年 7 月 2 日，美國佛羅里達州的聖彼得斯堡發生了一起最為著名的人體自燃案件。當天早上 8 點，房東卡賓特夫人收到了發給租客里瑟的一份電報。她走到里瑟的房門前正準備敲門，卻發現一股熱浪湧出，房門的把手也被烤得滾燙。房東以為房間失火了，連忙大喊救命，兩名路過的油漆工跑來幫忙打開了房門。

結果迎接他們的是比火災還要令人驚恐的畫面。

67 歲的寡婦里瑟被燒成了灰燼，就像是在焚屍爐裡燒出來的一樣，但卻剩下一隻穿著黑拖鞋的腳沒有被火焰毀滅。房間裡的大量物品也被火焰的高溫影響，天花板被熏黑，蠟燭和塑膠杯子也都融化了。

這件事引起了廣泛的關注，起火原因也眾說紛紜。有的說里瑟是被人用高溫噴燈謀害的，有的說是因為吃了爆炸物被炸成灰，甚至都提到了球狀閃電。

這時有人提出了一個新的假說——燭芯效應。

人體的脂肪約在 250℃便會開始燃燒，當衣物著火時，皮膚綻裂露出脂肪。脂肪被高溫烤化又滲入衣物，此時衣物就像是蠟燭中的燭芯，脂肪則扮演蠟的角色。這樣的狀態可以很穩定地保持 12 小時或者更久，足以將骨頭燒成灰燼。至於四肢等沒有衣物包裹的部位則很可能保存完好。

引發燭芯效應僅僅需要一根蠟燭或者一個未熄滅的菸頭。里瑟太太的案件若以燭芯效應解釋起來並不複雜。案件發生的前一天晚上，里瑟的兒子曾來探望她，並在 20 點 30 分左右離開。當時里瑟已經吃下了兩片安眠藥，並準備再吃兩片。21點左右，房東太太透過窗戶看到里瑟坐在沙發椅上吸菸，之後再見到她就已經是一堆灰燼了。

整個案件實際上並不神祕，也許就是里瑟在沙發上睡著了，沒抽完的香菸落在衣物上，引發了燭芯效應。只是神祕現象愛好者們往往選擇性忽略這些細節和線索，他們更願意相信那就是恐怖的人體自燃。

那些有兩三百年歷史的陳年舊案實際上也都有明確的線索：法國的米勒太太喝著酒在火爐旁被燒成灰燼、伯爵夫人班迪灰燼旁的一盞油燈中的油不翼而飛。

當然，所謂的人體自燃事件也並非全是意外。燭芯效應也是謀殺案當中毀屍滅跡的一種高效手段。

1991 年，美國俄勒岡州梅福特市附近的一座樹林中，兩

名徒步者發現了一具正在燃燒的女屍。女屍趴在地面，體形肥胖，胸部和背部有被捅傷的痕跡。等到警方趕到，女屍已幾乎被燒盡，脊柱和盆骨燒成灰色粉末。

凶手在女屍的衣物上潑灑了一品脫（大約 0.5 升）的燒烤啟動液，點燃後引發了燭芯效應，足足燃燒了 13 小時才被發現。

7 年後，加州犯罪學研究機構的哈安教授在 BBC 的一個電視節目上驗證了燭芯效應。他將大小與人體相當的死豬包裹在棉質的毯子裡，灑上少許汽油並點燃。汽油在 3 分鐘後就燃燒殆盡，隨後毯子裹著死豬繼續緩慢燃燒。燃燒期間火勢較弱但穩定，產生的熱量並不大，旁人幾乎不受影響，房間的其他物品當然也一樣安全。

最終裹著毯子的死豬燃燒了 4 小時，被人為撲滅了。經檢查約有一半的豬肉被燒毀，甚至部分骨頭也被燒成了灰燼。

實驗證明了燭芯效應的確能實現人體自燃的效果，那兩、三百年前的「人體自燃」也就不難想像是如何發生的了。

人體真的不會自燃，你看到的不是意外就是謀殺。

只是人們更傾向於相信一種神祕未知的解釋，幾百年來選擇性忽略細節，添油加醋繼續傳播。他們擁抱了神祕，享受的是在未知中人人都無法接近真相。

也許他們醒著，也許他們在裝睡。

危險的實驗，
驚人的發現

第一章
「醫學叛徒」的微生物預言

錯誤本身並不可怕，可怕的是不願意正視錯誤本身。

維也納的中心廣場上，矗立著一座紀念雕像。高高的雕像下，環繞著天真可愛的孩子和抱著孩子的婦女。這座雕像，是為了紀念一位被尊稱為「savior of mothers（母親們的救星）」的醫生。他的發現拯救了千千萬萬個可能死在產床上的產婦。

100 多年前，當他說：「是醫生們自己受污染的雙手和器械，把災難帶給了產婦。」等待著他的卻是無邊的漫罵、諷刺與迫害，47 歲的他英年早逝，在精神病院中去了大堂。他是一位平凡的產科醫生，也是一位勇敢的鬥士。他將自己發現的謬誤公之於世，並為改正這個謬誤奮鬥了一生。

伊格納茲·塞麥爾維斯（Ignaz Semmelweis），來自匈牙利的產科醫生。在那個還沒有「微生物」概念的時代裡，他揭開了

伊格納茲·塞麥爾維斯（1818—1865）

人類產科醫學無菌手術的序幕。1818 年 7 月 1 日，塞麥爾維斯出生在美麗的匈牙利布達（現與佩斯合併為布達佩斯）。塞麥爾維斯是家中的第五個孩子，父親的生意一直紅紅火火，殷實的家境讓他從未憂心過長大後的生活。

遵從父母的意願，高中畢業後的塞麥爾維斯來到了維也納大學學習法律。聰明伶俐的他在學校裡取得了優異的成績。畢業後回到家鄉，依舊衣食不愁的他卻成天悶悶不樂。他才 22 歲，他不想就這樣庸庸碌碌地過完一生。

一個偶然的機會，他接觸到了醫學。醫學和法律不一樣，人體是個神祕而精巧的世界。塞麥爾維斯被深深地吸引了，他決定要學習醫學。1840 年的某天清晨，微風拂面，細雨綿綿。塞麥爾維斯告別了父母，獨自一人踏上了離鄉的馬車。經過 4 年的刻苦學習，他拿到了維也納大學的醫學博士學位。在導師的推薦下，他來到了維也納總醫院，成了一名產科醫生。

他很喜歡小孩子，每當看到這些鮮活的小生命呱呱墜地，他總是感到無比欣慰。可在那個時候，有一種可怕的疾病——產褥熱，使產婦的死亡率高達 20%~30%，讓這三個字如同惡魔一般令人感到恐懼。高燒、打寒戰、小腹疼痛難忍，號啕掙扎，最後產婦淒慘地離開人世，只剩下剛出生的寶寶和在一旁眼噙淚水的丈夫。

產褥熱這個詞成了籠罩在歐洲上空的巨大陰影。塞麥爾維斯所在的維也納總醫院是當地數一數二的研究型醫院，僅僅他負責的 206 位產婦中，就有 36 位因產褥熱而離開人世。有的產婦向他下跪，希望他能救下她的生命。高得可怕的死亡率讓產婦們對醫院望而卻步，維也納總醫院的名聲也因此而日漸下

降。有些婦女寧願在街邊小診所，甚至是家中生下孩子以後，才去醫院。

一個深秋的雨夜，又一名產婦死在了他的面前。悲慟的丈夫在一旁痛哭，剛出生的寶寶彷彿感應到了媽媽的離去，也哇哇地哭著。

塞麥爾維斯焦急地搓著手，喃喃説道：「這是我們產科醫生的責任啊……」

實習醫生無奈地説：「沒辦法啊，我們已經努力了，這是上帝的安排。」

塞麥爾維斯堅定地説：「不，這不是命運！一定有辦法可以解決這個問題的。」

當時的醫學，只針對患者的症狀進行單獨治療。如果患者發炎了，醫生會認為是血液多了造成的腫脹，醫生就會給患者放血，甚至用水蛭把血液吸出來。患者如果發高燒，也是用類似的方法治療。倘若患者呼吸困難，那就説明空氣不流通，改善通風條件就好。可這些方法，對於患上產褥熱而瀕臨死亡的產婦一點用處都沒有，半數以上患產褥熱的產婦在幾天內便死亡了。

按照慣例，患者死亡後，醫生要對其屍體進行病理解剖，因產褥熱而死亡的患者也不例外。

在仔細地解剖了因產褥熱而死的產婦屍體後，醫生們發現在產婦的體內充滿了一種難聞的白色液體。醫生們對此提出了多種假設：難聞的氣體來自醫院，產褥熱可能與磁場有關，白色的液體是產婦腐敗的母乳，產褥熱不過是由於產婦的恐懼心理造成的。

這些不著邊際的說法當然沒辦法說服塞麥爾維斯，他決定用自己的方法，解決這個困擾醫生與產婦的難題。

　　他所任職的維也納總醫院的產科分為兩個科，第一科負責培訓醫學院學生，第二科則培訓助產士。令他感到不解的是，在第一科，產婦的死亡率是第二科的 2~3 倍，甚至是 10 倍，僅在 1846 年，第一科就有 451 名產婦死亡，而第二科，只有 90 名產婦死亡。

　　困惑不解的塞麥爾維斯儘量讓兩個病房的情況保持一致——通風設備、飲食，甚至接生的姿勢，當他把所有的環節都標準化後，兩個病房的死亡率卻依然沒有變化，他做的所有嘗試都無法解釋產房死亡率差異巨大的現象。

　　絞盡腦汁仍一無所獲的他請了 4 個月的假，去參觀另一所醫院。當他回來的時候，卻驚奇地發現，在他離開的這段日子裡，第一科產房的死亡率明顯下降了。他找不到原因，可是死亡率確實下降了。冥思苦想的塞麥爾維斯實在不明白還能有什麼原因會導致死亡率的變化。

　　這時候，一件意想不到的事情發生了：他的好友勒什克醫生，因為意外突然逝世。

　　塞麥爾維斯注意到，勒什克醫生在死亡前曾對死於產褥熱的產婦進行過屍檢，並且不慎劃破了自己的手指，而勒什克醫生死亡的症狀幾乎和那些患上產褥熱死亡的產婦一模一樣。

　　想到這裡，塞麥爾維斯腦中彷彿劃過一道閃電，他發現了一個被大家也被他自己所忽略的事實：第一科的醫生和實習生們常常在解剖完屍體後就來到產科查房，也經常用觸摸過屍體的手為產婦體檢，而第二科的助產士，則從未參與過屍體解

剖。

塞麥爾維斯想，或許是某種「屍體顆粒」（當時微生物學尚未發展）害死了產床上的產婦。醫院裡發生的產褥熱，或許主要是來自於醫生們自己受污染的雙手與器械，醫生沒有經過充分洗刷與消毒的雙手，將「毒物」帶給了產婦。

為了驗證他的推論，他要求第一科的所有醫生在解剖後用漂白水洗手。年輕的麗莎是第一個接受這種新方法接生的產婦，麗莎仍然發了燒，但是相對來說病情輕了很多。

塞麥爾維斯決定提高漂白水的濃度，從原來的 0.1% 提高到 0.5%，還將醫療器械、繃帶等都用漂白水嚴格消毒。奇蹟出現了，醫院產褥熱的病死率從 18.27% 降低到了 0.19%。這是個令人振奮的消息，產婦們紛紛讚揚塞麥爾維斯醫生是救命恩人。

1850 年，在維也納醫生公會的演講上，塞麥爾維斯報告了他的發現。他說：「我認為，正是我們產科醫生自己受污染的雙手和器械，把災難帶給了產婦……」話音未落，本來安靜的會場裡秩序大亂，在場的醫生紛紛指責塞麥爾維斯。

頑固守舊的醫生們無法接受塞麥爾維斯的說法。他的頂頭上司，克萊因教授尤其反對他的觀點與研究工作，幾乎處處與他作對。與醫院的合約到期後，醫院拒絕與他續約。無奈之下，他只好申請無薪的教師職位。作為醫學院的教師，他卻不能解剖屍體，只能接觸人體模型，他甚至沒有權利為他課堂上的學生頒發聽課證明（相當於學生白上了課）。

實在無法繼續在維也納生活的麥爾維斯，回到了故鄉布達。回到故鄉的他接手了布達的羅切斯醫院的產科，成了產科

主任。他要求自己管轄的病房醫生和護士們嚴格執行消毒雙手與器械的要求。這使得病房產褥熱的發生率急劇下降，平均死亡率僅為 0.85%。與此同時，維也納總醫院產科產婦的死亡率卻直線上升。

塞麥爾維斯也從未放棄過將自己的理論公之於眾的想法。他先是發表了 3 篇論文，可論文都是用匈牙利文寫的，很難被主流醫學界看到。

1861 年，他用德文出版了《產褥熱的病原、症狀和預防》，這本書詳細地描述了他的理論與實驗，也針鋒相對地回應了那些攻擊他的言論。這本被後人稱為「科學史上最有說服力、最具革命性的作品之一」的書，當時卻遭到了反對者的壓制，幾乎所有的醫學期刊都決定不再發表他的文章。

孤獨與悲憤之下，塞麥爾維斯的言辭愈加激憤，性格變得固執好鬥，他一次次地發表公開信，一次次地批判產科的醫生，說他們是「婦女屠殺的參與者」。

1865 年，精神狀態越來越不穩定的他被認為患上了精神疾病，妻子與好友將他送到了維也納的精神病院。7 月，塞麥爾維斯遭到了精神病院的守衛毆打，受傷的他不幸傷口感染，半個月後，死於敗血症。

只有他的導師等寥寥幾人參加了他的葬禮，甚至他的妻子也以抱恙在身為由缺席葬禮。

然而，在他去世之後，巴斯德發展了微生物學的基礎理論。塞麥爾維斯提出的「屍體顆粒」終於能在顯微鏡下被人們看到，而在此之前，塞麥爾維斯只是憑藉著現象推斷有「屍體顆粒」（也就是細菌）的存在，並未真正觀察到「屍體顆粒」。

而李斯特的論文與理論也決定性地確定了消毒的重要性，外科手術術前消毒的步驟在全世界推廣開來。

被人們稱為「醫學界叛徒」的塞麥爾維斯終於得以正名，被譽為「母親們的救星」。而被人們逼死的塞麥爾維斯更像是一位悲劇英雄。倘若能早點利用顯微鏡證明「屍體顆粒」的存在，或許他就不會落得如此悲慘的結局。

在他的遺書裡，有這樣一段話：

「回首往事，我只能期待有一天終將消滅這種產褥感染，並用這樣的歡樂來驅散我身上的哀傷。但是天不遂人願，我不能目睹這一幸福時刻，就讓堅信這一天早晚會到來的信念作為我的臨終安慰吧。」

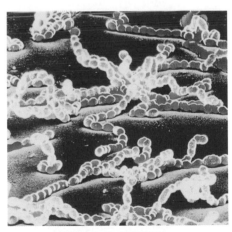

顯微鏡下的「屍體顆粒」

第二章
舊時代的奇葩同性戀治療法

現在我們都知道，同性戀行為已經公認被從疾病名冊中剔除，自然也無須接受治療。但在 20 世紀幾乎所有人都堅信同性戀就是病，為了「治癒」同性戀，各種殘忍的治療手段更是層出不窮。此外，還有「睪丸移植」、「直接切除腦前額葉」等駭人聽聞的同性戀「矯正治療」。回顧這荒誕的「同性戀治療」背後，確實是一段讓人毛骨悚然又刻骨銘心的醫學黑歷史。

在這段黑歷史中，「人工智慧之父」艾倫・圖靈就是最有名的受害者，這也是「赦免同性戀法案」為什麼叫《圖靈法案》的原因。

第二次世界大戰期間，圖靈曾幫英國破譯了納粹密碼，在諾曼地登陸等軍事行動中發揮了重要作用。雖然他的一生功勳顯赫，但最終還是逃不過因同性戀的身分被強制接受激素治療。當時他被注射的是一種叫己烯雌酚的激素類藥物，就是所謂人工合成的雌性激素。不過與其說圖靈接受的是「激素治療」，倒不如直接說是「化學閹割」，因為它與現代的化學閹割根本沒什麼兩樣。

這些激素藥不但讓他在生理上無法勃起，還使其胸部開始像女性一樣開始發育。在巨大的壓力下，圖靈陷入重度抑鬱，

艾倫・圖靈（1912—1954）

最終用毒蘋果結束了自己的生命。圖靈的一封信是這樣說的：「也許是藥物的作用，我甚至夢見自己變成了異性戀。但無論是現實還是夢中，這個念頭都讓我痛不欲生。」

在那個年代，許多研究人員都認為同性戀行為是一種激素分泌異常引起的疾病。而同性戀的激素治療法則起源於一位奧地利的生理學家，尤金・斯坦納奇（Eugen Steinach）。他認為睪丸分泌的睪酮是維持男性正常性向的激素，如果缺少睪酮便會表現出同性傾向。與此同時，他也是第一個嘗試通過移植睪丸，「治療」男性同性傾向的醫生。

其實睪丸移植在 20 世紀二三十年代還是一度流行過的，不過那只是打著「壯陽」和「返老還童」的名號在進行，與同性戀治療尚無瓜葛。有時候因為找不到那麼多身強力壯的男子睪丸用於移植，有的人甚至選擇移植黑猩猩的睪丸。當時斯坦納奇就想「睪丸移植」既然能「壯陽」，那麼能矯正同性戀傾向也不是全無邏輯。於是在 1916 年，他便將死去的一個異性戀男人的睪丸移植到一位同性戀者的身上。可能是安慰劑效應，這位同性戀者說自己生平第一次對異性產生了欲望。

「二戰」期間，一位叫卡爾‧瓦內特（Carl Værnet）的醫生也開始大力推行這種「激素療法」。當時的瓦內特醫生就盯上了德國的「175條反同政策」，大量的男同性戀者被逮捕監禁。於是他便迫不及待地加入納粹黨，以治療的名義對集中營的同性戀者進行了各種殘酷的實驗，以實現自己「偉大的願望」。

當時的他也提出可以通過補充睪酮等各種激素，將男同性戀者扭轉為正常的異性戀者。不過他的這種激素補充法也比較前衛，不是單單通過注射，而是通過手術植入「人工激素腺體」。原理大概就是將充滿激素的膠囊埋入「患者」的鼠蹊部[*]，使人體能夠長期獲得激素補充。為了確定用藥劑量，他還在這些「患者」身上設置了三個劑量梯度（1a、2a、3a）的對照。不過無論什麼樣的劑量，這些同性戀者都表示得到了「治癒」，畢竟實驗有效他們就不用繼續被監禁了。實驗是否真正有效我們無從追蹤，但可以肯定的是在這種手術中有多名囚犯因感染而死亡。

其實在「二戰」後，醫學界都已經基本清楚「激素治療」對扭轉性取向沒有多大用處。但這種激素治療法還是在那個「反同性戀」的大環境擴散開來。那時因為犯了「同性戀罪」被逮捕的男性只有兩條路可走，一是坐牢，二是接受「激素治療」。那些不願被囚禁的男性，很多人在選擇了這種形同「化學閹割」的治療後，變得鬱鬱寡歡。圖靈的自殺只是這些悲劇中的一個。

---

* 鼠蹊部是指人體腹部連接腿部交界處的凹溝，位於大腿內側生殖器兩旁。

現在的醫學表明，成年人的激素水準與性傾向的成因關係不大，因為性傾向是在成年之前就已經確立了。而且用激素注射法根本不能改變性傾向，更沒有一個同性戀或異性戀者能夠透過激素治療扭轉其性傾向。

不過恐怖的時代可沒那麼快結束，用激素無法「治癒」同性戀，人們又試圖在腦結構上尋找「新的藥方」。在 20 世紀 40 年代，一項叫腦前額葉切除手術被廣泛地應用於精神病患者。而這項手術的創始人莫尼斯也因此榮獲 1949 年的諾貝爾生理學醫學獎。但誰也沒想到，莫尼斯的療法卻成了另一代人最恐怖的噩夢。

這種手術可以說是治療精神疾病的「萬能鑰匙」，只需把特殊的手術刀插入患者神經大腦，機械地搗碎前額葉神經即算完成。那時候的醫學認定同性戀就是精神疾病，所以他們也認為切除腦前額葉是「治療」同性戀的唯一療法。從 1939 年到 1951 年這 10 多年間，光美國就有 18000 人接受了這種手術。而其中一位極為推崇此種手術的醫生弗里曼，親自操「錘」的手術就有 3400 例，他說其中 40% 都用在了同性戀者身上。

為什麼說是操「錘」呢，因為手術就是拿類似冰錐的錘子從眼窩插進去，再拿錘子直接敲進前額葉區域，不用 10 分鐘，手段極其粗暴簡陋。而接受完這個恐怖手術的人，基本上都留下了嚴重的後遺症。他們變得孤僻沉默，麻木遲鈍，神情呆滯，任人擺佈，和傻子沒有任何區別。

生理上的治療也失敗了，現代人又試圖在心理上重覓「治療同性戀」的良方。為了治療同性戀行為，著名的「厭惡療法」出現了。其原理是根據條件反射原理，強行建立一條「厭惡」

的反射迴路。其中最常用的方法就是電擊治療，和楊永信（以電擊治療「網癮」的中國精神科醫師）差不多。不同的是，對同性戀者的電擊治療多了幾分荒誕。

醫生把「患者」綁住再脫掉褲子，接著不停地給「患者」播放同性的性愛視頻或圖片。如果他們對同性的影像有生理反應，則對他們狂電一通。每勃起一次就要被電一次，電到他們不再勃起為止。目的是在反復多次電擊後，使「患者」形成一種只要看到有關同性戀的事物，就想起被電擊的痛苦，從而使他們對同性戀行為產生厭惡情緒。

這不禁讓人想起《發條橘子》裡面接受「厭惡治療」的少年艾力克斯。醫生用機器撐起他的眼皮，讓他觀看大量的色情和暴力影片，使其感到噁心直到完全喪失作惡的能力。

然而在現實中，使「患者」產生痛苦的手段還不止電擊治療一種，而且每一樣都比電擊更加駭人。例如阿撲嗎啡就是一種能導致嘔吐和令人感到極度噁心的藥物。當「患者」看到男人裸體時，不用等他勃起就直接給他來一針，讓他以後見到男性就覺得噁心想吐。1962 年，一名叫比利的同性戀者就因注射了阿撲嗎啡而引起抽搐最後死亡。

在這種療法中，人們還給同性戀者一直灌輸同性戀是噁心、骯髒的想法。有時候還對他們進行辱罵和毆打，企圖讓他們因同性戀的身分感到恥辱。無論是在身體還是心理上，他們都遭到了非人的對待。

與「厭惡療法」相對應的，還有一種叫「愉快療法」。這個實驗來自一位叫羅伯特·希斯的精神病醫生，主要透過對身體進行愉悅調節把同性戀「糾正」過來。在「愉悅治療」中

最有名的一位同性戀「患者」叫 B-19（他給病人都按順序編了號）。

1970 年，希斯將不銹鋼和裹有聚四氟乙烯外層的電極植入 B-19 大腦中的九個不同區域，然後從後腦勺引出導線接電源。這次希斯醫生給 B-19 看的是異性戀性交的影片，起初 B-19 表現得十分厭惡和憤怒，但是希斯醫生只要按下特定的開關，B-19 就可以神奇地感到無比愉悅。原來 B-19 受到刺激的區域是伏隔核，它被認為是大腦的快樂中樞，與食物、性和毒品等刺激有關。

在接下來的日子裡，B-19 重複著一邊看「異性性交」，一邊被刺激伏隔核享受愉悅的實驗。慢慢地 B-19 會變得主動按下按鈕刺激自己，發展到後來，在 3 小時的治療中，他按下的次數就高達 1500 次。在這之後，希斯醫生給 B-19 看異性色情電影時，他都不拒絕了，而且他還會勃起，並可以通過手淫達到高潮。後來，希斯醫生還特地為他雇來了一名妓女，在妓女的誘導下他第一次嘗試了與異性性交。

然而諷刺的是，在 B-19 做完這個「愉悅治療」後的兩年，1973 年美國精神病學協會就把同性戀行為從疾病名冊中剔除。那麼後來這位 B-19 如何了呢？他在接受完希斯的「治療」後，與一位已婚女士維持了 10 個月的感情。但之後，他又恢復了同性戀的行為，而當初與那位女士的戀情也只是出於一種「買賣」的形式。

1990 年，世界衛生組織正式將同性戀行為從疾病名冊中刪去。關於「同性戀治療」的偽科學當然也不攻自破，人們也慢慢意識到這種不人道的治療給同性戀人群帶來的不僅不是

「健康」，反而是一種巨大的傷害。目前，全球已有超過 20
個國家和地區規定同性戀婚姻合法。

　　但是這並不代表反同性戀的國家和團體就不復存在了，各
種打著「科學」口號的「同性戀治療」也從未真正消失。

　　從情感上，每個人對不同性取向的接受程度可能不同。但
是，「同性戀治療」卻從始至終都是一個有關科學的問題。如
果從情感出發，又濫用科學的名義，那麼這種「偽科學」給社
會帶來的才是真正的疾病。

第三章
在腦袋上開個洞？堪稱
科學界最恐怖黑暗的真實故事

　　影片《飛越杜鵑窩》講述了一個發生在精神病院裡的故事，但卻具有深刻的寓意和尖銳的諷刺力，深受觀眾好評。在1976年第48屆奧斯卡上斬獲最佳影片，最佳男、女主角，最佳導演和最佳改編劇本五項大獎。

　　影片中的主角麥克為了逃避監獄的強制勞動，裝作精神病患者，被送進了精神病院。放蕩不羈的麥克無法忍受瘋人院死氣沉沉的生活，對醫院的制度發起挑戰，還聯合其他精神病人進行「飛越杜鵑窩」的計畫。

　　最後，精神病院以「康復手術」之名，把麥克弄成了真正的傻子。而醫院當時給麥克做的手術正是腦前額葉切除手術。

　　說到給大腦做手術，一般人肯定覺得是個相當複雜的手術。

　　但這種手術操作起來簡單粗暴，把特殊的手術刀伸進大腦，機械式地損壞前額葉神經纖維就完成了。

　　這種手術現在看來是多麼駭人聽聞，但在20世紀20年代到50年代，美國實施了四五萬例這樣的手術。而這種手術的發明者安東尼奧・埃加斯・莫尼斯卻因此獲得了1949年諾貝爾生理學或醫學獎。

安東尼奧‧埃加斯‧莫尼斯
（1874—1955）

這或許是諾貝爾最不堪的一段歷史。

莫尼斯 1874 年在葡萄牙出生，隨後在葡萄牙的科英布拉大學學醫。年輕時的莫尼斯是個學霸，28 歲的時候就成了科英布拉大學的教授。學霸莫尼斯不僅搞科學研究，在處理社會關係上也很有一套，時常出席各大社會活動，享有美譽的他在第二年就辭去了教授職位步入政壇，在「一戰」前還擔任多年葡萄牙立法機構成員。

在 1917 年，年僅 43 歲的莫尼斯居然當上了葡萄牙的外交部部長，「一戰」後，他還率葡萄牙代表團出席了巴黎和會。年輕有為的莫尼斯，在學術上有成果，在政治上有建樹，成為人生的贏家。但之後，他還是放棄了政治，回到了醫學研究上。

當時，他主要研究血管造影技術。他將一種 X 光不能透過的物質注射到腦血管中以拍攝 X 光照片，從而發明了腦血管造影術[*]和造影劑。

---

[*] 腦血管造影：至今一直廣泛應用於臨床，一般是在大腿根部刺一個小孔，從股動脈插入一根導管，經腹、胸、頸部大血管，將碘造影劑注入動脈，然後攝片，使得血管顯影。是對腦血管狀況全面瞭解的一種診斷方法。

這種技術一直沿用至今，他因此獲得了兩次諾貝爾獎的提名，莫尼斯在業內的名氣越來越大。但對他而言，最大的榮譽都不是這些，而是在這後面的二十年中獲得的。

精神病是指由於人腦功能的紊亂，而導致患者在感知、思維、情感和行為等方面出現異常的總稱。

即使是現在的醫療水準，精神病還是幾乎無法治癒的。而自古以來，精神病一直困擾著人們，古時候人們認為精神病是魔鬼附身。隨之有人發明了鑽顱術，他們相信這樣可以驅除附身的妖魔。

精神病患者確實經常會對身邊的人造成一些威脅，人們都在想各種方法去試圖治療。人們嘗試過電擊、水療、鴉片、束縛、旋轉療法等奇怪的方法，都不能達到理想效果，精神病人到最後只能被關起來。

20 世紀初，科學家們對精神病和大腦功能的認知還是一片空白。當時的神經學家們一直在研究大腦前區——腦前額葉，以試圖治療精神病。

莫尼斯也不例外，他很早就注意到在一些古代頭骨上有洞，翻閱資料後發現這是古時候治療癲癇病留下的痕跡。

腦前額葉位於大腦的前部，與學習和記憶等腦高級認知功能密切相關，並起著特殊重要的作用。額葉大約占人類大腦的 1/3，並與其他腦區有著豐富的神經纖維聯繫，我們現在已經知道，其主要參與部分記憶功能（工作記憶等，如記電話號碼）；負責高級認知功能，比如注意、思考、決策、執行等，還與社會功能密切相關。

1935 年，倫敦召開了神經學大會，會上來自耶魯大學的

神經學家約翰‧弗爾頓與他早期的同事卡萊爾‧雅各森發表了一項研究成果。

他們損毀了兩隻黑猩猩的前額葉與其他腦區的神經連接，結果發現這兩隻黑猩猩變得溫順了許多。這樣一個研究結果在當時並沒有引起多大反響，但莫尼斯卻意識到，這也許可以應用到精神病治療上。

就在同年，莫尼斯在里斯本的一家醫院做了第一次嘗試。他在病人的顱骨上開了兩個口子，然後透過這個口子向腦前額葉當中注射乙醇來殺死那一片的神經纖維。那時的莫尼斯已經是 61 歲了，而且因患痛風，手不麻利，所以這次手術是在他的指導下，由他的助手利瑪操作的。

手術之後，病人居然活下來了，並且症狀有所減輕。儘管病人最終沒有真正康復，但莫尼斯還是覺得手術取得了他想要的成效。

他認定了自己的發現，又做了更多的手術。後來，莫尼斯發現用酒精容易損傷到其他無關的腦區，於是專門設計了一種被稱為「腦前額葉切除器」的手術刀，用來機械式地損毀前額葉的神經纖維，這套莫尼斯開創的手術方法被稱為「腦前額葉切除術」。

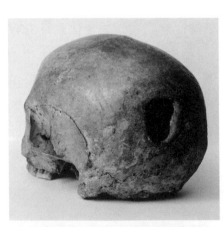

愛丁堡人的頭骨，頭骨後有洞

次年，莫尼斯發表

論文，將實驗結果公之於眾。之後，他根據40個病人的臨床效果，宣稱腦前額葉切除術是「一種簡單、安全可靠的手術，可廣泛用於治療精神錯亂」。

腦前額葉切除術鑽

莫尼斯本身的科學成就和政治成就在國際上頗有名望，這次他的研究成果一發表便備受全球關注。

精神病困擾人類實在太久了，人們都希望看到身邊患有精神病的家人能好起來。很快，這種手術被越來越多國家認可，開始普及起來。

就這樣，精神病人們的噩夢開始了。

莫尼斯將成果發布後，自然有了一大批追隨者。而在這場噩夢中真正的「惡魔」並不是莫尼斯，而是一個瘋狂崇拜他的人，叫沃爾特‧傑克遜‧弗里曼二世。

弗里曼一直在研究精神病的治療，在莫尼斯公布結果後弗里曼非常認同。就在同一年他便做了第一例手術，在接下來的6年裡又進行了200次手術，並對外公布聲稱有63%的病人得到了改善，23%的病人沒有變化，只有14%病人的情況變差。

後來弗里曼又改良了手術，一個號稱可以大大提高手術效率的方法──冰錐療法。這種手術的操作方法簡直可以用「喪心病狂」來形容。

弗里曼用錘子將一根大概筷子粗的鋼針從病人的眼球上方鑿入腦內，而後徒手攪動那根鋼針以摧毀病人腦前額葉。這

種手術不但簡便快捷，而且還不需要嚴格的操作標準。病人被施以電擊以代替藥物麻醉，然後迅速完成手術，某些情況甚至不需要在手術室就可以施行。

弗里曼為了推廣他的冰錐療法，開始在全國各地走訪精神病院，去展示他的手術，同時教育培訓當地的工作人員來執行和傳播手術。後來甚至只需要 25 美元就可以做手術，手術過程甚至沒有消毒手序，連手套也不帶。

到了 20 世紀 40 年代後期，腦前額葉切除術似乎已經成為行業內公認的精神病治療手段。1949 年，莫尼斯也因為發明腦前額葉切除術獲得了諾貝爾生理學醫學獎。

這下好了，有「官方認證」名號，加上媒體過分的鼓吹和宣傳，手術被濫用得更加厲害。

這種本該是精神疾病治療最後的手段卻被當成了包治百病的妙手回春術。

在日本，家長僅因為小孩不乖，就送小孩去做前額葉切除手術；在丹麥，類似的醫院遍地而起，針對的疾病從智障到厭食症無所不包。情況最嚴重的當然要屬美國，弗里曼等人鼓吹「精神病要扼殺於搖籃」，成千上萬的人在沒有經過仔細檢查的情況下，就被拉去實施該手術，更有甚者將這種手術用在了暴力罪犯、政治犯、同性戀者身上。

弗里曼還為一個叫作羅斯瑪麗·甘迺迪的女病人實施了手術，治療她的智力障礙。這位甘迺迪小姐，便是著名的美國總統約翰·甘迺迪的親妹妹。

手術的結果非常糟糕，甘迺迪手術後的智力不升反降，成了一個整天只會發呆的「木頭人」。雖然弗里曼本人也因此遭

到了不少指責，但他反倒在民間聲名大噪，來向他尋求醫療幫助的民眾更加趨之若鶩。

隨著手術在全球濫用，以及當時的手術條件大多較為簡陋，對損傷的腦區缺乏精準的控制，對術後效果的評價沒有客觀、可信的標準，越來越多的人在術後產生可怕的後遺症，表現出類似癡呆、智障等跡象，有些人變得猶如行屍走肉一般，甚至有許多死亡案例。

就這樣，僅僅在「諾貝爾獎」頒布的第二年，在蘇聯精神病理學家瓦西裡·加雅諾夫斯基的強烈建議下，蘇聯政府最先宣布全面禁止腦前額葉切除手術。到了 20 世紀 50 年代後，一種吩噻嗪類藥物——氯丙嗪被意外發現可用於治療有躁狂症的精神病人，精神病的醫治慢慢走向藥物治療。

到了 20 世紀 70 年代，腦前額葉切除手術被大多數國家所禁止。但是，這項手術的濫用所造成的傷害已無法彌補。

而莫尼斯雖然獲得了一生中最大的榮譽，成為葡萄牙第一個諾貝爾獎得主，但也讓他的餘生在爭議中度過。1955 年，莫尼斯在聲名狼藉中死去，但莫尼斯在醫學上的貢獻依然被人們所銘記。

現在看來這一切無比荒謬，但在當時人們認知有限的情況下，這似乎是那些因為精神病造成破碎的家庭的救命稻草。

可能在幾十年、幾百年後回過頭來看今天，我們身邊也充滿著荒謬的事情。

第四章
發光千年的骨頭

當人們擺脫了溫飽的掙扎後，便對生活的品質有了更高要求。然而隨著生產力的提高、科技的發展，人們似乎有了更多的擔憂。不僅食品有安全問題，環境有污染問題，日化用品更是重災區。

曾經有那麼一段歷史時期，人類被新發現的物質所迷惑，妄想著能依靠它們治百病、延年壽。

它們被瘋狂地添加到人們所能及的各種食品用品，化妝品、牙膏、玩具，甚至飲料、藥品裡。可它們的威力絕不是什麼螢光劑、激素、塑化劑所能企及的，它們的唯一作用就是給人體帶來「純天然無添加」的輻射。

1898 年，居禮夫人採用了新的電學測量方法測量鈾的輻射強度，推斷出：「鈾的輻射強度正比於所用鈾的數量，不受鈾和其他元素化合的影響，並且也不受光或溫度變化的影響。」

可她發現有些瀝青鈾礦樣品的輻射量異常高，甚至要高過純鈾。於是夫婦二人從幾噸的瀝青鈾礦中才分離出了少量氯化鐳，10 多年後才用電解法製得了金屬鐳（Radium）單質。

鐳的面紗終於被揭開了，這種擁有極強放射性的金屬元素看起來是那麼神祕，在黑暗中幽幽地閃著綠光，彷彿擁有源源不斷的能量，甚至還讓熱力學定律陷入了危機。

居禮夫婦證實了鐳元素的存在，使全世界都開始關注放射性現象。鐳既然能發光千百年，活力無窮，想必對人體也一定會大有裨益！於是，世界上出現了很多充滿活力的「鐳」產品。

20 世紀初，德國的 Batschari 菸草公司推出了一款含鐳的香菸，號稱可提神醒腦，舒筋活絡。

不過，吸菸人士似乎不太關注香菸的保健功效，他們選擇香菸的那一瞬間就已經放棄了健康。但商人們既然決定了用放射性元素賺錢，那他們肯定還有千萬種方法。

沒多久，一種保健儲水罐獲得了專利，號稱在陶瓷內壁中富含鈾、鐳、氡等純天然放射活性元素，將飲用水置於水罐中一夜讓其接受大自然的輻照，飲用後便可以治癒一切病症。

結果可想而知，這種儲水罐沒有為醫院減輕任何負擔，還輸送了大量口腔癌患者。類似的還有純天然輻射礦泉水，來自天然鐳礦區的山泉水。

隨後又出現了大量含放射性元素的食品，鐳可可粉、鐳冰淇淋。

原本鐳在體外衰變產生的 α 射線因為穿透力弱，根本無法穿透皮膚影響肌體，但進入體內後就完全不同了，細胞近距離接受輻射易發生癌變。也許是商人們意識到了鐳進入體內的巨大風險，輻射食品很快就被淘汰了。

不過，商人們很快又換了一個思路，將鐳添加到日化用品當中，在降低風險的同時又不失噱頭。首當其衝的當然是時尚女性必備的化妝品，這些化妝品打著讓人煥發新生的噱頭招搖過市。

早在鐳單質被提取出來的那一年，居禮先生就用自己的手

臂做了試驗，與鐳親密接觸了一段時間後，衰變產生的 γ 射線讓他的手臂開始發紅、表皮壞死、結痂，一個多月後才開始重新生長。

把這些東西抹在臉上，還真的有機會讓皮膚「煥發新生」。不過很多人不知道，居禮先生的那次實驗最終留下了一個不小的灰色永久疤痕，也不知道當年用過這些化妝品的女孩子是否安好？

以上這些都還不是最奇葩的。「二戰」時期同盟國的間諜得到線報，稱德國的一家工廠正在大量購買囤積釷。消息一出引起各國恐慌，紛紛懷疑德國的核武器研究已經十分深入，工廠只是一個偽裝。

結果這家德國工廠不久後推出了一款含釷的牙膏。這款被寄予厚望的牙膏宣稱通過輻射能有效殺死口腔內的有害細菌，強健牙齒遠離蛀牙，說得有理有據。依照他們的意思，恐怕幾年後牙齒都還健在，人卻已經走了。

市場上輻射產品的亂象直到 20 世紀 30 年代才開始有些好轉，其中有兩起事件最為關鍵，其中最著名的一起是「鐳姑娘事件」。

「鐳姑娘」是對在鐘錶工廠給指針塗夜光塗料女工的暱稱，當時廣泛採用的夜光塗料以硫化鋅為基質添加一定量的鐳，因此女工們每天都和鐳打交道。

她們和所有民眾一樣從來不覺得夜光塗料有害，還把這些塗料抹在頭髮上，甚至用來美甲。一些姑娘為了省事還常常用嘴喂筆尖，以此保持筆尖的銳利從而能更細緻地塗繪錶盤。

這是當時工薪階層比較好的工作，沒有繁重的體力勞動，

收入還高，每畫一個錶盤能獲得 8 美分的提成。優秀的女工一天可以畫上 300 個，算下來一個月能有近 500 美元的收入，而那個年代的美國人均月收入也就 100 美元左右。

不過很奇怪，這些優秀的女工都做不長久，她們總是很快就生了重病，沒多久就離開了崗位，幾乎無一例外。她們常常貧血、牙痛、下頜潰爛、關節疼痛、自發性骨折。

鐳進入人體會被當作鈣質吸收，大量聚集在骨骼內，原本衰變產生的連紙都穿不過的 α 射線，現在在人體內終於可以跟鮮肉親密接觸了。

「鐳姑娘們」神祕而雷同的死亡引起了一些法醫的重視，他們開棺驗屍，將清理過的遺骸放入暗房，用 X 射線底片包裹。一段時間後，底片上布滿了各種白點，那都是姑娘們骨頭裡的鐳輻射造成的，可想而知這些姑娘生前攝入了多少鐳。

當「鐳姑娘們」還在法院與公司打官司時，紐約傳來了另一個爆炸性的消息。鋼鐵集團富翁、著名業餘高爾夫運動員埃本・拜爾斯因為長期服用醫生給他推薦的保健產品「鐳補」，最終去世。

拜爾斯本是健壯的業餘運動員，曾獲得美國業餘高爾夫錦標賽的冠軍。退役後，他在一場足球比賽中受傷，不堪忍受持續性的疼痛，他接受醫生的建議開始服用鐳補——一種含有超高劑量鐳的保健藥水。

三年來，他一共喝下了 1400 瓶鐳補，當他意識到問題的時候已經晚了，做了兩年的活死人後，最終在他去世的時候連大腦裡都出現了明顯的空洞，連他的棺材都要加上厚厚的鉛板隔絕輻射。

有了鐳補事件的加持，「鐳姑娘們」順利贏下了官司，這些才 20 出頭的年輕姑娘們雖然拿到了高額的賠償金，但也無法改變自己將死的命運。

　　「鐳姑娘事件」是美國勞工制度重要的一次戰役，它直接促成了《勞工法》的建立，提出了職業病的概念。更重要的是，人們對放射性物質的狂熱終於有所減退，美國食品藥品監督管理局也將所有基於輻射的產品趕盡殺絕。

　　如今，人們對放射性物質的危害已有所瞭解，並利用其特性使其在醫療事業上做出了貢獻。

　　放射治療其實早在居禮夫婦分離出鐳後不久就已經有了雛形。其原理也相當簡單，主要是利用放射性同位素所產生的各種類型的射線，破壞細胞的遺傳物質，以此殺傷腫瘤組織。現在放射治療是應用最廣泛的一種癌症治療方法，有超過 70% 的癌症患者可以使用放療療法。

　　放射線對个同細胞的殺傷力各不相同，它對生長速度快，分化程度低的腫瘤殺傷力較大，而人體的正常細胞雖然也會被損害，但其程度遠小於腫瘤。儘管如此，放射治療還是會產生很多不良反應。

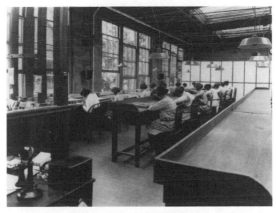

正在工廠裡工作的「鐳姑娘」

和各種輻射產品類似，除了體外照射還有體內植入放射性粒子的治療方法，用於生長在重要臟器上的腫瘤治療。似乎放射元素這匹烈馬已經被人類完全馴服。

　　然而，當人們淡去了對放射性元素的狂熱，又掀起了一波對磁鐵的熱潮。其背後的邏輯簡直如出一轍：天然磁體富有能量，佩戴這些磁體自然也能益壽延年。人類的迷信似乎是可以遺傳的。

　　甚至還有所謂的氡氣[*]溫泉號稱能治療多種頑固疾病，頗有百年前的「風範」。

　　儘管科技在不斷發展，但總有一些人會陷入盲目迷信的泥潭。古有希波克拉底用鴿子屎治禿頭，未來可能還會有暗物質壯陽、石墨烯排毒養顏等更加荒謬的傳言誕生。

---

* 　氡，鐳 -226 衰變後的產物，無色無味，化學性質不活潑，對人體脂肪有很高的親和力，吸入後會影響神經系統導致痛覺缺失，同時也是世界衛生組織公布的 19 種主要致癌物質，是引起人類肺癌的第二大元凶。

第五章
進化論的另一個發現者

　　談起關於生物的起源與演變，我們不得不提起偉大的達爾文以及他的著作《物種起源》，他向人們解釋人並不是上帝所創造的，每一個物種都不是平白無故誕生的，而是有規律地演化而成的。

　　實際上早在 1836 年，達爾文就完成了他的環球考察。而後的幾年裡，他已經有了自然選擇學說的構想。然而，直到 1858 年，達爾文才開始緊張地撰寫《物種起源》一書。

　　這將近 20 年的時間，他遲遲不肯動筆，為何突然之間快馬加鞭，僅僅一年就寫就此書？

　　這一切要從一個年輕人說起。

　　有人說，維多利亞時代的英國人個個都是冒險家。這一點在這個叫阿爾弗雷德‧R.華萊士的年輕人身上顯得尤為貼切。華萊士的童年生活過得並不好，他原本生在中產階級家庭，卻因為父親被人騙去財產，一家人陷入了困境，14 歲的華萊士不得不中斷了自己的學業。

　　輟學後，華萊士在經營土地測繪的大哥身邊做助手。擔任測繪助手的幾年間，他跑遍了英格蘭的鄉村田野，不僅學到了勘測、製圖的技能，而且見識了大千世界的美妙。

　　五彩斑斕的蝴蝶、奇形怪狀的甲蟲、開著清豔小花的莫

Charles Darwin.

查爾斯·羅伯特·達爾文

阿爾弗雷德·拉塞爾·華萊士

名野草、果實清甜的高大喬木……華萊士對鄉野的各種動物植物產生了濃厚的興趣，他漸漸地開始閱讀生物圖鑒，也收集起了標本。

可是這樣的好光景只持續了六年半，因為大哥的生意不順，華萊士不得不另謀生路。幸運的是華萊士在一所高校的職位申請通過了，他可以在學校教製圖、測量等對他來說瞭若指掌的技能。學校的工作對華萊士而言簡直就是久旱逢甘霖，倒不是因為教師的工作有多高的收入，而是因為圖書館裡豐富的藏書。華萊士在知識的滋養下，對博物學的興趣越來越濃厚。

與此同時，他在學校裡還認識了業餘博物學家貝茨[*]。

---

[*] 貝茨：昆蟲學家，後以其「貝茨氏擬態」的發現而成名。貝氏擬態簡言之即親緣關係較遠的昆蟲在形態上存在較高的相似性，多為可食用的品種模擬不可食用品種的形態，以欺騙捕食者。

受到貝茨的影響，華萊士逐漸轉向收集研究昆蟲標本。

偶然中的必然，華萊士在圖書館接觸了許多有影響力的著作，包括鼎鼎有名的達爾文的作品《貝格爾號航行期內的動物志》以及錢伯斯的《自然創造史的痕跡》，其中關於生物演化的探討在華萊士心中深深地扎下了根。

他對物種的發展變化感到十分好奇，一心想親自求證這個觀點。很快華萊士便以收集標本的名義邀請貝茨一同前往南美，開啟人生中第一次冒險之旅。

然而在南美，也許是因為氣候的緣故，華萊士病倒了。之後回國的輪船又遭遇大火，他在救生艇上漂流了 10 天，終於被路過的輪船搭救，算是撿回一條命。

但是四年的心血付之一炬，幾乎所有標本和筆記都隨船沉入大海。

這段不幸的經歷給華萊士造成了很大的打擊，剛回國的那段時間，他心裡滿是迷茫，僅僅靠著保險公司的賠償獨自生活了一年半。

可華萊士最終還是挺了過來，並且打算繼續自己的研究，這一次他打算遠足東南亞，好好研究那裡錯落的島嶼，正如當年達爾文航行路上對島嶼的探索。

華萊士在馬來群島一待就是八年，其間他進行了六、七十次考察，收集到了超過 12.5 萬隻鳥、甲蟲等的標本。在馬來群島的這些年裡，華萊士漸漸發現，在相鄰的島嶼上，看似不同的物種始終會有或多或少的相似性，這讓他開始思考新物種的起源與誕生。

每一物種的出現都與早已存在的密切相近的物種，在時間

上和空間上是一致的，他把相似物種在地理分布上比較集中的規律寫成文章。這篇被稱為「沙撈越[*]定律（Sarawark Law）」的理論發表在 *Annals* 期刊上，但是並沒有引起多大的反響。這一定律的發現同時也啟發了華萊士自己去探討生物的進化。

也許是命運的安排，正在苦思的華萊士不幸罹患瘧疾，臥床不起的痛苦讓他想起《人口論》當中人口數量與資源量的矛盾，他突然悟到，資源限制正是生物進化的原動力，只有最適應環境的物種才能夠留存下來。

每一個存活下來的物種都經歷了自然的篩選，它們是環境中最健康的佼佼者。華萊士奮筆疾書，花了兩晚撰寫了一篇闡述自己理論的文章，並立刻把稿件寄給他崇敬的達爾文先生，請達爾文前輩為自己審稿，並推薦給著名學者賴爾。

達爾文收到文章大為驚訝，這個年輕人的理論正是他這20 年的成果。

「我從未見過如此驚人的重疊。華萊士所用的術語就在我文章的標題裡。」

達爾文慌了，他害怕華萊士的文章發表出來，自己20 年的辛苦研究會被人認為是剽竊之作，所有的原創，無論有多少，都將被打破。

但達爾文還是將文章轉給賴爾，並建議發表。作為達爾文的老朋友，賴爾明白他心中的不甘，那可是他20 年的成果。因此賴爾建議達爾文將華萊士的論文與自己的手稿整理在一起發表。

---

[*]　沙撈越，砂拉越州的舊稱，是馬來西亞面積最大的州。

達爾文接受了賴爾的建議，並透過書信與華萊士商量。華萊士得知後，非但沒有拒絕，反而感到非常榮幸。與學界老前輩、自己的偶像一起發表文章是天賜的幸運。

可是達爾文卻感到十分愧疚，擔心有人指控他剽竊。

「我寧願燒掉我所有的書，也不願意讓他（華萊士）或者其他人覺得我以如此渺小的心靈行事。」

1858 年達爾文親自在林奈學會會議上發表了這篇文章，達爾文的這一番宣讀與演講引起了學界不小的關注。從此人們第一次聽說了自然選擇的觀點，人們稱它為「達爾文－華萊士學說」。

此時的華萊士仍在馬來群島與瘧疾戰鬥，可是達爾文已經沒有時間沉浸於女兒夭折的悲傷中。他快馬加鞭，將原本詳盡的手稿壓縮了 1/3，儘快發表出版。

遠在東南亞的華萊士在得知自己的研究已經公之於眾後不免有了一些擔心，他擔心自己的文章闡述得不夠詳細，他開

達爾文與華萊士林奈學會發行的特製獎章

始籌備著將研究內容整理成書。

可還沒動筆，就得知達爾文已經在撰寫《物種起源》，華萊士並沒有感到自己的成果被剽竊和盜用，反而非常支持達爾文的寫作，因為他相信達爾文。

一年的時間很快就過去了，《物種起源》竟已成書了，很難相信這部影響人類的巨著竟然僅僅用時一年就完成了。沒過多久，華萊士就在市面上看到了達爾文的著作。

達爾文果然沒有讓華萊士失望，《物種起源》一書引起了轟動，書中詳細地列舉了支撐自然選擇理論的客觀證據。顯然達爾文在物種進化方面的研究比華萊士更為深厚。達爾文成了顛覆人們世界觀的偉人，而華萊士自己也得到了應有的名譽。

自然選擇學說被世界認可後，林奈學會還發行了特質的獎章，獎章正反兩面分別印有達爾文與華萊士的頭像，用於獎勵在進化生物學領域有突出貢獻的科學家。

除此之外，華萊士似乎淡出了人們的視野，默默地繼續著自己對博物學的追逐。他以出售標本得到了一筆不小的收入，但華萊士晚年因為投資失敗，一貧如洗，生活艱難。1913 年，90 歲高齡的華萊士在睡夢中平靜安詳地離開了人世。

我們有理由相信華萊士此生是無悔的，達爾文並沒有利用自己的權威打壓華萊士。而華萊士也沒有為自己的成果被他人發表而憤憤不平，他們兩人高尚的品德成為歷史上的一段佳話。

可世人似乎只知道達爾文的進化論，華萊士墓碑上刻著「自然選擇的共同發現者之一」這件事，又有多少人知曉呢？

第六章
病菌培養液的味道——
一段實驗室「黑歷史」

　　提起實驗室，大多數人的印象應該都是整潔、乾淨，規章制度多。當年高中化學實驗室的要求都已經讓人頭大了，更不用說那些專業實驗室了。可是，在差不多 100 年前，這些「高大上」的實驗室其實隨意得可怕。

　　他們的實驗防護措施實在太簡陋了，甚至有些操作方法可以用「驚悚」來形容。

　　移液操作可以說是各種生物醫學或化學實驗裡最常見的操作了，以至於很多人都有深刻的印象。然而，從 19 世紀末到 20 世紀初，很多科學家竟然都是用嘴來吮吸移液的！那個年代可沒有移液槍這樣的高級工具，移液需要的真空源基本上只能靠手捏橡膠頭產生。可是這種方式對付一般的粗略移液還行，精確的移液操作就無能為力了。

　　那時候碰巧發生了一件大事。美國商人馬文．史東從美國人愛用麥稈吮吸冰凍酒的習慣中獲得了靈感，在自己的捲菸工廠中用紙造出了一根紙吸管。從那時開始，吸管就掀起了飲料界的大革命，很多人都在用吸管，彷彿那是時尚的象徵。

　　在這樣的背景下，也不知道是誰突發奇思，想到了用吸管喝飲料那樣的方法來移液。為了保證移液量的精準，他們將一

根有刻度的細長玻璃管的一端含在嘴裡，另一端伸入液體中，看著刻度想吸多少就吸多少。

雖說靠嘴巴解決了精確移液的問題，但也帶來了新的麻煩。實驗用到的液體可不是無害液體，萬一不小心吸入身體，輕者拉肚子，重者不省人事。

有的人就想到在玻璃管的上端墊上一塊棉花，防止誤將溶液吸入嘴裡。墊上棉花的確能降低一定的風險，但棉花並不能承受濃氨水、濃鹽酸等溶液的腐蝕。

這還不是最致命的，在一些生化實驗室裡，實驗員甚至會用嘴直接吸病原體的培養液。

有資料記載，第一次因嘴部移液導致的感染發生在 1893年。一位內科醫生在操作時因為意外而吸入了傷寒桿菌的培養

一位女士在實驗中進行嘴移液

液，不幸感染。有調查指出，到 1915 年，約有 40% 的實驗室源感染事件都是因吮吸移液導致的。幾乎每五次吮吸移液操作中就有一次會發生感染。

這些實驗員們吸過傷寒桿菌、沙門氏菌、炭疽芽孢桿菌、鏈球菌、梅毒螺旋體、肝炎病毒等等。

除了這些生理上的折磨，他們還很有可能遭受心理上的衝擊，甚至要吮吸尿液樣本、糞便樣本和寄生蟲樣本。

吮吸移液的做法確實讓人覺得毛骨悚然，但有一些大發現卻是依靠這樣的操作實現的。糖精、甜蜜素、阿斯巴甜這三種世界知名的甜味劑是靠亂嘗未知化學品意外發現的。據說，糖精的發現者做完實驗沒洗手，回家吃飯因手指碰到餐盤，享用了一頓「甜蜜大餐」。他百思不得其解，回實驗室把接觸過的所有藥劑、溶液都舔了一遍，終於發現了一種比蔗糖甜 500 倍的物質。

大名鼎鼎的居禮夫人也是個好的例子。她常年與各種放射性元素打交道，醉心於放射性的研究。

夜晚走進工作室是我們的樂趣之一，盛放實驗產物的玻璃瓶在黑暗中影影綽綽，從四面八方散發出微光。那景象是如此可愛，令人百看不厭。那些帶著光亮的試管如同童話裡的點點燈火。

——瑪麗·居禮

她甚至常常隨身攜帶裝有鐳和釙的小玻璃瓶，隨時拿在手上把玩，出於個人職業習慣，居禮夫人也一樣不注意及時洗

手。而她生活工作的地方卻成了重災區，直到現在，居禮夫人的實驗室還是全球十大輻射最高的地點之一。居禮夫人的筆記本也不得不常年保存在鉛盒之中，隔絕輻射。

如果說吮吸移液、舔舐實驗品、暴露在輻射下這些實驗操作是因為技術不允許或缺乏認知還可以理解。

但是有一些科學家從他決定做實驗開始，就已經是個「殘障」人士了。

化學家羅伯特・威廉・本生的一生簡直就是一本活生生的實驗安全指南。本生對科學的興趣極高，尤其喜愛化學，他這個人膽子大，但沒有什麼安全意識，還特別喜歡危險的實驗。

他早年就開始研究一些劇毒物質，像砷酸鹽、亞砷酸鹽、氰化物等，一直以來，不但沒有發生什麼意外事故，還找到了一種砷中毒的解毒劑。但可能正是這段經歷，導致他越發不注意安全。沒過多久，本生利用兩種劇毒物質，制出了二甲砷氰化物。這是一種十分危險的物質，其本身有劇毒，還非常不穩定。

本生在沒有任何防護措施的情況下研究這種物質，在一次實驗中，一個盛有二甲砷氰化物的容器發生了爆炸，炸瞎了他的右眼。

隨著對二甲砷基化合物研究的深入，本生收穫頗豐。但同時，他因為吸入了大量的二甲砷基化合物蒸氣差點喪命。

縱觀人類科學實驗發展的血淚史，不禁讓人沉思。他們當中的一些人無視實驗室安全，當然大多數科學家都受制於當時的認知水準。

他們不知道哪些東西有害，不知道怎麼避免傷害，只好用

血肉去試錯。

　　但無論如何，他們都是偉大的。

　　對於科研工作者而言，這些勇士用血與淚築起了如今可靠的實驗安全規章。這些勇士用自己的健康甚至是生命為全人類的事業做出了偉大的貢獻。

第七章
量子力學之父普朗克的故事

德國著名詩人席勒曾說：「我們不知道 20 世紀會怎樣或者它會有什麼成就，但它之前的每個時代都致力於造就 20 世紀。」

就科學領域來說，20 世紀之所以前所未有的偉大，是因為量子物理學的誕生。量子物理的出現撼動了經典物理的絕對權威地位，把人類帶到了一個全新的世界。但是，大家一定沒有想到這個劃時代的理論的提出竟來得如此「不情願」。被譽為「量子物理之父」的普朗克在提出量子論之後的多年，竟一直在不斷嘗試著推翻自己的量子理論。

1858 年 4 月 23 日，馬克斯・普朗克誕生於德國基爾。他的家族可以稱得上是當時那個年代德國的「貴族」。純正的「雅利安人」血統，再加上那些光鮮體面的社會身分：牧師、法學家、大學教授等。優越的家庭背景使普朗克從小就受到很好的教育，無論是人文科學還是自然科學。

普朗克 9 歲時，一家人就搬離基爾城遷往慕尼黑，在那裡普朗克開始了他的中學生活。和其他很多天才科學家不一樣，普朗克那時候並沒有在科學方面表現得出類拔萃。反而是在音樂與藝術方面顯現出不一樣的才能，他鋼琴、管風琴等都演奏得很好。這導致了他在進大學前都不知道選擇什麼方向作為一

生的奮鬥目標，是音樂、語言學還是科學。

　　在普朗克生活的那個年代，自然科學遠不像人文和藝術那樣受到重視。然而他還是選擇了自然科學這條不太容易走的路，當然音樂也作為一種愛好時常陪伴在他身邊。起初他主修的是數學，但是慢慢他的興趣便轉向了物理。然而在 19 世紀中後期，經典物理學的大廈已經基本竣工了，物理學家能做的頂多就是在這座輝煌的物理殿堂掃掃灰塵罷了，再也不會有什麼重大理論被提出了。當時普朗克所在的慕尼黑大學的一位老師就曾苦口婆心地勸誡普朗克：不要再研究物理了，這一行裡已經沒有任何機會留給年輕人了。

　　但普朗克不為所動，依舊選擇了物理學。普朗克本身就是個偏「冷淡」的人，根本不在乎什麼名利，他並不在乎這些劃時代的理論是誰提出的，只是想知道「為什麼」。多年後他在《從相對到絕對》中寫道：「絕對的東西多半是一種理想的目標，它總是顯現在我們的面前，但是永遠也達不到，這是一種令人感到煩悶的東西，只有在追求這個目標的時候才會覺得滿足。」

　　一踏入物理世界的大門，普朗克就對熱力學表現出極大的興趣，或者說沉湎其中。1879 年，年僅 21 歲的普朗克就憑論文《論熱力學第二定律》獲得了慕尼黑大學的博士學位，論文中貫穿了他對「熵」深刻和獨特的見解。1880 年，他取得大學任教資格，而使他獲得該資格的也是一篇關於熱力學的論文。他後來寫的《熱力學講義》一書更是在 30 多年內都被認為是熱力學經典著作。在物理學界，他的地位更是節節攀升。世紀交替之際，他就已經是熱力學方面公認的權威了。然而當時專

注熱力學方面研究的他又怎麼跟量子論扯上關係了呢？

　　正如前文所言，經典物理學已經算是一座竣工的大廈，而普朗克就是這座神聖的物理殿堂最虔誠的信徒之一，一旦這座大廈有什麼風吹草動，他總是第一個站出來修繕的人。那時候物理學就有一個讓人陷入困惑的問題：黑體輻射。所謂黑體，是指這樣一種物質，在任何溫度下，它都能將入射的任何波長的電磁波全部吸收，沒有一點反射和透射，絕對黑體在自然界中是不存在的，只是一個理想的物理模型，以此作為熱輻射研究的標準物體。

　　然而，在那個時代，人們對黑體輻射的研究卻得出了兩個不同的公式。這兩個公式分別來自德國的物理學家威恩和英國的物理學家瑞利和金斯。威恩的公式只有在短波（高頻）、溫度較低時才與實驗結果相符，但在長波區域完全不適用。相反，瑞利－金斯公式卻只在長波、高溫時才與實驗相吻合，在短波區並不適用。這個公式在短波區（即紫外光區）時顯示輻射能力隨著頻率的增人而單調遞增，最後趨於無限大。這和實驗資料差了十萬八千里，所以這個荒謬的結論也被稱為「紫外災難」。

　　一個現象，對應兩個公式？在經典力學時代，這完全是個不可思議的悖論！

　　因為自 17 世紀牛頓力學建立以來，自然過程連續性的觀念就在物理學中深深扎根，一向認為能量是連續的，而普朗克父親的老師說過，「自然界無跳躍」。「紫外災難」更意味著整個經典物理學的「災難」。普朗克是熱力學的權威，所以他對黑體輻射的研究並沒有像前人那樣從頻率和溫度入手，而是

從自己擅長的熵和能量作為突破點。然而經過一次次實驗，得出的結果仍和威恩他們的公式一樣並不得法。出於無奈，他不得不著眼於之前他並不認同的波茲曼方法，而他也隱約地意識到，傳統物理學的基礎還是太狹窄了，需要從根本上改造和擴充了。普朗克注意到，如果認為原子不是連續地而是斷續地放出和吸收能量，或者說，把「粒子」的性質賦予光的吸收和放射，那麼他便可以用「內插法」把威恩公式和瑞利－金斯公式正確的一部分綜合起來，使輻射公式完整。

1900 年 10 月 19 日，普朗克在德國物理學會會議上，以《論威恩光譜方程的完善》為題，提出了他重新構造出來的新輻射公式。這個公式在任何情況下都與實驗值無差異。

在同年的 12 月 14 日（歷史上也把這天認為是量子的誕生日），他發表了《論正常光譜中的能量分布》論文。文中給出了循著波茲曼的思路推導出的黑體輻射公式。也就是著名的普朗克公式 $E=hv$（其中 E 為單個量子的能量，v 為頻率，h 是量子常數，後人稱普朗克常數）。論文中，他指出：「能量在輻射過程中不是連續的，而是以一份份能量的形式存在的。」這無疑使整座經典物理大廈開始搖搖欲墜，這也是普朗克自己都難以接受的事實。他表示在這篇論文發表前的幾個月內，他都是抱著孤注一擲的心情來完成這一結論的。他想或許之後可以透過另外的解釋，來修繕這座經典物理聖殿。

而他也確實這樣做了。在那篇確立量子論誕生的論文發表之後，他還一直想把自己的理論納入經典物理學的結構中去。從 1901 年至 1906 年，他都在對抗自己提出的量子理論，以至於沒有做出任何新的成績。他一直在嘗試修改自己的量子理

論，想讓它對經典物理造成的傷害降到最低。但是他越努力答案就越趨向於大自然的運轉不是連續的而是跳躍的，它必然像鐘錶裡的秒針那樣一跳一跳。他就像一個被逼出來的革命家，被經典物理逼得走投無路，但是卻又不忍心將其毀於一旦。就像一個虔誠的基督徒找到了證明上帝不存在的證據，心理上的衝擊不是那麼容易平復的。

玻恩在評價普朗克時寫道：「從天性來講，他是一位思想保守的人，他根本不知道何為革命，只是他驚人的邏輯推理能力讓他不得不在事實面前折服。」在經過多年的混沌後，普朗克才從對抗自己中徹底清醒過來。在後來的演講中，他開始自豪地宣稱：「量子假說將永遠不會從世上消失。」這敲開了量子論的大門，也使他獲得了 1918 年的諾貝爾物理學獎。

普朗克像是給一片森林帶來火種的人，之後量子革命的大火熊熊燃燒。1905 年愛因斯坦的傑作《論動體的電動力學》發表，宣布狹義相對論誕生。這篇論文在當時雖沒幾個人能看懂，但也在物理學界掀起了一陣巨浪。後來德國更是出現了龐大的反對相對論的機構，對愛因斯坦進行「批判」。而普朗克在那時作為比愛因斯坦年長又更有地位的學界權威，他成為相對論最早的庇護人。普朗克作為德國《物理年鑑》主編，他不顧反對把愛因斯坦的論文發表。畢竟，在五十多年前，這本刊物的主編就曾拒發過邁爾關於能量守恆定律的文章。此外，普朗克還給予愛因斯坦其他方面的幫助。相信很多人都知道，愛因斯坦的講課水準實在是不敢恭維，但普朗克卻大力支持愛因斯坦成為教授。甚至在聘書中特別注明：聘請愛因斯坦為柏林洪堡大學講席教授，一節課都不用上。

普朗克在德國已經可以稱得上是學術最高的權威。一生受盡稱頌和愛戴，還沒有離世，他的頭像就被印在兩馬克金幣和郵票上。然而在科學界的勤懇和奉獻，並不能帶他逃離「悲情」二字。他經歷了德國的崛起和德國引起的兩次世界大戰的悲劇。普朗克原本幸福的家庭，就像他的經典物理信仰一樣開始分崩離析。1909 年，普朗克的妻子因病去世，而他的四個孩子，長子在凡爾登戰場戰死，兩個女兒在第一次世界大戰期間也死於難產。而最大的不幸當屬次子，他幾乎無助地親眼看著自己的兒子死去。次子埃爾文在一戰期間就曾被法國俘虜，在 1944 年，他被捲入刺殺希特勒的 7.20 政變中，被納粹關入監獄。那時普朗克幾乎動用了自己所有的力量，也沒能把他唯一在世的親人救出來。1945 年，埃爾文被處以絞刑。那一年，普朗克已是 87 歲的高齡，孤身一人。

　　埃爾文去世的同一年，普朗克位於柏林的家在一次空襲中被摧毀，家中無數的藏書和畢生的研究成果也毀於一旦。一時間，他失去家園和親人，只留下一副病軀。即使拖著這副病弱軀體，他還是遠赴英國倫敦，參加因戰

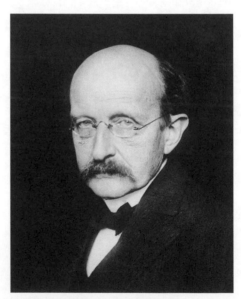

晚年的普朗克（1993）

亂推遲了四年的牛頓誕生 300 週年紀念會。他是唯一被大會邀請的德國人，那時的他仍致力於戰後重建德國科學界的地位。

1947 年 10 月 4 日，普朗克在哥廷根逝世，享年 89 歲。他的墳墓上只有一塊長方形的石頭，上面刻著他的名字，底部刻著屬於他永存於世的普朗克常數。

第八章
玩出來的地理學「教科書」

　　自 15 世紀末，人類進入了大航海時代，諸國紛紛瘋狂分割世界版圖上的那些無主之地，而航海家們則致力於在全世界的角落都留下自己的名號，麥哲倫、哥倫布這些耳熟能詳的名字就是最典型的例子。

　　可是有這樣一位人物，他並非航海家，但世界上以他的名字命名的地點卻數不勝數。有澳大利亞和紐西蘭的山脈，有美國的湖泊河流，甚至包括月球上的盆地。他是一個擁有超凡身體的著名旅行家，登上過 5800 多公尺的高山，打破了當時全人類的登高紀錄，還是多門學科的創始人與奠基者。

　　19 世紀初，他遊歷南美，行程超過 1 萬公里，將 3000 種新物種，近 6 萬株植物標本帶回歐洲。拉瓦錫的好搭檔化學家貝托萊都忍不住驚呼：「他一個人就是一座活科學院！」

　　此外，他最早提出了等溫線、等壓線、地形剖面圖、海拔溫度梯度、洋流、植被的水平與垂直分布等概念，甚至連侏羅紀也是他最先提出的，他的存在簡直就是一本當代的中學地理教科書。因此，德國的著名高等學府、世界百強大學也被冠以他的名字，俾斯麥、馬克思、愛因斯坦、普朗克等知名人物都曾在此大學任教或學習。

　　達爾文讀了他的《個人自述》後，毅然背上了行囊周遊世

界，投身科學研究，這才有了後來震驚世界的《物種起源》。成名後他說：「年輕時我欽佩他，現在，我幾乎是崇拜他。」

這位兩條腿的「移動科學院」是出生在柏林貴族家庭的亞歷山大・馮・洪堡。他是家裡的次子，兄弟二人從小都很有天賦和才華。但哥哥威廉・馮・洪堡因為更安分一些深得家裡長輩的喜歡，亞歷山大・馮・洪堡則愛四處瞎逛，飽覽大千世界，母親認為他這是不學無術，經常將他軟禁在家中忍耐寂寞。

10 歲那年，洪堡很不幸地失去了父親。一般來說，這對一個家庭的打擊會是毀滅性的，好在洪堡的父親是世襲男爵，父親的去世並不會讓家庭陷入困境。在那之後，母親主掌了家裡的大權，她對兄弟倆都寄予厚望，還請了最好的家庭教師。可洪堡心中卻漸漸有了些矛盾，他有更遠大的理想……

轉眼間洪堡已經 18 歲了，嚴格的教育為他打下了堅實的科學基礎。他嚮往著詩和遠方，可他母親卻緊盯著公務員的職位。正如當代多數父母為獨生子女規劃了一生那樣，母親將洪堡送到了柏林的法蘭克福大學（奧德）學習經濟，希望將來能拿到一份政府的安穩工作。

剛踏入大學，洪堡就瘋狂接觸新鮮事物，也開始頻繁出入在柏林的那些知識分子沙龍。洪堡發現原來世界上不僅有秀麗的山河，還有令人著迷的科學。不久後洪堡的熱情似乎動搖了母親安排他學經濟的決心，他執意轉學，盡可能去觸及每一個讓他感興趣的學科。此時任何舉措都無法改變洪堡對自然科學的嚮往。

他在柏林大學學習期間，自學了希臘文，並開始研究植物學；在哥廷根大學，洪堡學習了物理、語言學、考古學；拜著

名動物學家、解剖學家巴赫為師，結識了遠航歸來的地理學家福斯特，這徹底激發了他對自然科學的興趣。

最終，洪堡畢業於當時有名的薩克森弗萊貝格礦業學院，師從譽滿四方的礦物學家維爾納，也是地理學水成論（一種強調以水流作用解釋岩石形成的理論）的提出者。畢業後，洪堡按部就班地被任命為普魯士弗朗科尼亞礦區的檢查員，成了一名國家行政官員。

洪堡驚人的才能在出任礦區檢查員時就開始顯露。在工作之餘，他鍾情於觀察各種自然現象，憑藉自己在物理學、動物學、植物學、礦物學、地質學的廣闊的學識，就不同岩石的磁偏角效應，撰寫出了人生第一篇科學論文。然而，縱使礦區為洪堡提供了展示才華的舞台，這遠不能滿足他探索世界的欲望。

1796 年，這是洪堡最悲傷的一年，也是他生活發生重大轉折的一年。這一年他的母親病逝，給他留下了一大筆遺產。次年，洪堡剛從悲痛中恢復就果斷地辭去了工作，周遊世界，考察研究。

起初，洪堡打算前往美洲考察，但那裡受西班牙的轄制，作為德國人是無法貿然闖入的。於是洪堡覲見西班牙國王，以勘探新礦源的目的獲得了西班牙皇家特許護照，便順利地乘「畢查羅」號前往美洲，踏上了偉大的旅程。

這艘船上搭載了當時能夠想像到的所有頂級儀器，包括象限儀、六分儀、磁力計、比重計、氣壓計、溫度計、天藍儀、空氣純度計、計時儀、萊頓瓶，這艘全部由洪堡一人出資的船可以說是個移動的研究所。

「我要採集植物，搜尋化石，觀察天象。但這並不是此番旅行的主要目的。我想探考自然界的各種力量怎樣相互作用，地理環境怎樣影響動植物的生活。換言之，我要找到自然世界的一致性。」

雖然準備充足，但洪堡還是預計到了旅途的艱險，在出發前，他已經立下了遺囑。結果還沒等到上岸，就面臨第一重難關：拿破崙聯合西班牙、荷蘭發動英法戰爭，面對強大的英國海軍艦隊洪堡不得不躲躲藏藏，保護同船的法國人和他那些寶貴的科學儀器。

上岸後，他與植物學家邦普朗兩人划著小船，一路沿著委內瑞拉最大的河流奧里諾科河考察。兩人歷經了 2760 公里，深入南美洲內部，繪製了很多森林區的地圖，證實了這條河流與亞馬遜河相通。路途中他們耗盡了乾糧，只能以香蕉和淡水魚為食。亞馬遜叢林的環境惡劣得難以想像，這一路上，他們遭遇了各種蚊蟲的騷擾，不

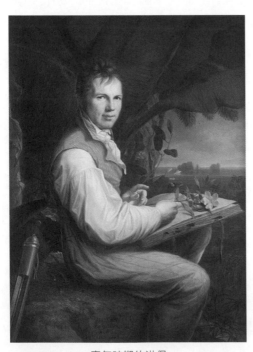

青年時期的洪堡

少隨從都患上了嚴重的流行病，只有洪堡一人奇蹟般地從未被感染。

對河流的考察結束後，洪堡又馬不停蹄地展開了對安第斯山脈的探險。他不顧危險幾度與活火山親密接觸，為了研究從地球內部釋放出的氣體，甚至連地震都不能阻止他對火山的熱愛。因此當地到現在還流傳著一種說法：「當年有一個不怕死的德國人把火藥投進火山口，引發了地動。」

在安第斯山脈，洪堡還研究了許多不同種類的岩石，他發現花崗岩、片麻岩等大量岩石都是火成岩，毫不客氣地推翻了恩師維爾納水成論的普適性。在研究之餘，洪堡出於小小的虛榮心，還攀登了欽博拉索山（距地心最遠的地表）。他與邦普朗一起攀登至 5878 公尺，打破了人類登高紀錄，這一紀錄後來保持了 29 年之久（此峰當時被認為是世界最高峰，後來洪堡得知聖母峰後倍感沮喪）。

在高聳入雲的山峰上，洪堡用儀器測得了氣壓、溫度、地磁場，因此誕生了海拔與氣壓氣溫的規律（海拔每升高 12 公尺，大氣壓下降 1 毫米汞柱）、地磁強度分布、海拔變化造成的垂直植被分布規律。除此之外，洪堡還記錄了因缺氧導致的高山病（即高原反應）。

結束了對安第斯山脈的考察，洪堡一行乘船北上。途中他順帶發現了一股洋流，將它稱作「秘魯洋流」，但如今人們出於對洪堡的敬仰，更喜歡將這股寒冷的洋流稱作「洪堡洋流」。

這一年，關於洪堡的傳言層出不窮，有報紙稱他被北美印第安人用箭射死，還有的信誓旦旦宣稱著名旅行家洪堡先生不幸罹患黃熱病，命喪黃泉。實際上洪堡當時正在美國與傑弗遜

總統談笑風生。

1804 年，洪堡結束了長達 5 年、總行程 65000 公里的旅行考察，乘法國快船「幸運」號抵達法國巴黎，引發了不小的轟動。隨船歸來的還有 40 餘箱來自美洲的物資，包括大量動植物標本、礦物、化石、旅行日誌。全社會都為這名勇士歡呼，像恭迎國王一樣歡迎他，當時全法國只有拿破崙比他更出風頭。

洪堡成了全歐洲最受尊敬的人物，上流社會以與他共宴為榮，法蘭西學院主動為他接風，巴黎植物園裡還有他的展品專區。洪堡帶回來的已經不是一堆標本了，而是一片新大陸。在他的收藏裡，光是全新的物種就超過了 3000 種，也難怪化學家貝托萊會感歎：「他一個人就是一座活科學院！」

洪堡歸來後，定居法國巴黎專注於整理自己記下的資料，這一住就是 20 年，在各界一流科學家的陪伴下，一套 30 卷的巨著《新大陸熱帶地區旅行記》問世。隨後他馬上回到故鄉德國，開始籌劃和構思自己的思想專著《宇宙》。

洪堡打算在這本專著中以大一統的原理描繪整個宇宙（在那個年代，洪堡的宇宙指的是自然界），在此之前，還從未有人將地球作為一個整體來研究。

洪堡在晚年才開始撰寫這部作品，同時還要迎接來自各地的貴客。國王向他請教外交事務，經濟學家就財政制度求教於他，地理學家向他討教有關南美的第一手知識，甚至連作家都希望從他旅行的經歷中獲得一些創作靈感。

洪堡在忙碌中走完了一生，以 90 歲的超高齡去世（當時平均年齡 48 歲），臨終前恰好完成了這部《宇宙》，彷彿是

使命的召喚。《宇宙》一經出版瞬間被搶購一空，隨後立刻加印了幾乎囊括歐洲所有語言的版本。洪堡去世這年，達爾文的《物種起源》剛剛出版，也正因為讀了洪堡的《個人自述》，達爾文才開始探索世界，研究科學。

洪堡除了是科學界的超級權威外，同時也是一個教育家、慈善家和人道主義者。晚年他與哥哥一同創辦了「現代大學之母」——柏林洪堡大學，主張科學研究與教學並行的前衛理念，是歐洲乃至世界最重要的一所大學之一。

此外，洪堡的心中充滿了博愛，他反對奴隸制度，支持南美解放者玻利瓦爾省，反對種族歧視，認為所有人種都不分軒輊。早年擔任礦區主管時，他就致力於改善礦工的生活條件，晚年雖入不敷出，但卻依舊慷慨資助貧苦學子。

巴黎曾流傳著一個美麗的故事：

一個窮人家的女孩子為了給母親買藥治病，在理髮店裡央求理髮師用 60 法郎買下她的一頭秀髮，但理髮師只願意付 20 法郎。在女孩與理髮師討價還價的時候，一旁的銀髮老人站起來，一把奪過剪刀，往她手中塞了 200 法郎，然後輕輕地剪下女孩的一根頭髮，奪門而出。據說那位老人正是亞歷山大・馮・洪堡。

縱觀洪堡一生的學術貢獻，雖然幾乎沒有系統性地編寫過地理學專著，也不是一個開創學科的拓荒科學家，但是他的研究卻將地理學原本一個個孤立的地樁連成了一塊宏偉且穩固的地基。

首創等溫線、等壓線概念，繪製出世界等溫線圖；指出氣候不僅受緯度影響，而且與海拔高度、離海遠近、風向等因素

有關；研究了氣候帶分布、溫度垂直遞減率、大陸東西岸的溫度差異性、大陸性和海洋性氣候、地形對氣候的形成作用；發現植物分布的水平分異和垂直分異性；論述氣候同植物分布的水平分異和垂直分異的關係，得出植物形態隨高度而變化的結論；根據植被景觀的不同，將世界分成 16 個區，確立了植物區系的概念，創建了植物地理學；首次繪製地形剖面圖，進行地質、地理研究；指出火山分布與地下裂隙的關係；認識到地層愈深溫度愈高的現象；發現美洲、歐洲、亞洲在地質上的相似性；根據地磁測量得出地磁強度從極地向赤道遞減的規律；根據海水物理性質的研究，用圖解法說明洋流……

　　所有的這些新概念新知識足以寫成一本中學地理教科書，但洪堡的名字卻還不如這些知識出名，實在令人唏噓。

第九章
史上最冤枉的
愛滋病「零號病人」

　　自愛滋病被人類首次發現以來，科學家們除了積極尋找治療方法外，也一直在試圖解開愛滋病起源之謎。

　　愛滋病來源於非洲的黑猩猩，是現階段被大多數權威科學家認可的觀點。愛滋病被發現的 20 年後，科學家才從黑猩猩體內發現 SIV 病毒。SIV（猴免疫缺陷病毒）和 HIV（人免疫缺陷病毒）同為靈長類免疫缺陷病毒，基因十分相似。他們認為，SIV 病毒變異後，從猿猴傳播到了人類身上。

　　那麼問題就來了：

　　黑猩猩又是怎麼把病毒傳染給人類的？現在大多數愛滋病專家認為，這與非洲一些國家捕食猿猴的習慣有關，他們在屠宰或食用的過程中被感染了病毒。所以，不要再亂猜想人類對猩猩做了什麼奇怪的事情了。不過，以上的觀點都只是最合理的推測，愛滋病起源之謎到目前還不算真正解開。畢竟第一次將病毒傳染給人類的黑猩猩，或是第一次把愛滋病傳染開來的病人，已經沒辦法找到了。

　　雖然，這些最原始的病例無從考證，但「第一個」將病毒傳入美國的人卻彷彿有跡可循。他就是被稱為愛滋病「零號病人」的蓋爾坦・杜加（Gaëtan Dugas）。「零號病人」，是指

第一個得傳染病並開始散播病毒的患者。在流行病調查中，也叫作「初始病例」。

因為「零號病人」這個錯誤標籤，杜加被認定為把愛滋病帶到美國、性生活混亂，並且惡意傳播愛滋病的反社會分子。這個不幸患了愛滋病的可憐蟲，還被指為愛滋病疫情的「源頭」，受盡了千夫所指。直到 2016 年年末，研究者才透過歷史和基因分析，洗脫了他身上的罪名。

原來杜加並非臭名昭著的「零號病人」，他只是成千上萬被感染 HIV 的一員，更不是他把愛滋病帶到美國來的。然而，這場鬧劇已持續發酵了近 30 個年頭。

蓋爾坦・杜加，出生於 1953 年，是一名加拿大籍的航空服務員。他相貌英俊，身材健碩挺拔。這樣的條件可以說是迷倒了一大波年輕小夥子——沒錯，他是同性戀者。從 20 歲起，他就成了一名加拿大「空少」。在飛行之餘，他每到一處就會去各個城市的同性戀聚集地尋歡，如同性戀酒吧和三溫暖等。有著英俊的外貌且極具親和力，杜加在同性戀圈子裡大受歡迎，他也很享受這種生活。

然而，他的好日子並沒有過多久。1980 年夏天，杜加的身上長出了許多紅疹和紫斑。隨後他便被醫院確診為卡波西肉瘤 *。

然而杜加和那個時代的所有人一樣，並不知道這是愛滋病併發症的一種。他只知道，自己是眾多同性戀中倒楣的一員，

---

* 卡波西肉瘤（Kaposi's Sarcoma，簡稱 KS）當時是一種多見於男同性戀人群的皮膚癌，故被稱作「同志癌」。

也沒有想過這種疾病竟可以透過性生活傳播。所以除了積極參與化療外，樂觀的他該怎麼過還是怎麼過。因為接受皮膚癌化療，他的頭髮不斷脫落。

後來，他就索性剃了個光頭，並在頭上繫一條豹紋髮帶，是當時最為時髦的打扮。

但是生活從來就不會因為樂觀和積極變得簡單。1981 年 6 月，美國疾控與預防中心就在《發病率與死亡率週刊》上介紹了 5 例愛滋病病人的病史（那時候還沒命名為愛滋病，杜加並不在這份名單上）。這也是世界上第一次有關愛滋病的正式記載。然而，官方唯恐造成社會恐慌，並沒有向大眾透露太多該方面資訊。他們只是打算悄悄地調查，把這種疾病的傳播源頭搞清楚再說。

1982 年，美國疾控與預防中心將目光投向了男同性戀中好發的卡波西肉瘤。當時有卡波西肉瘤的同性戀患者可不止杜加一個，但就只有杜加最配合調查。不過，也就是他的異常配合，導致了後面的悲劇·

調查人員希望他提供五年內的性伴侶資訊，協助他們弄清這種免疫缺陷症的傳播方式。同其他患者的緘默和記憶模糊不同，杜加表現得十分積極。他不但專程從加拿大趕到美國亞特蘭大，接受詳盡的生化檢查，此外，還自報了讓人驚訝的性史，列出了 72 位性伴侶名單。根據這份名單，疾控中心的人也順藤摸瓜地找到了這些人，並進行了一系列的調查。結果顯示，很多杜加的情人，或情人的情人等，都出現了不同程度的病症。

杜加的坦誠，使研究人員認識愛滋病及其傳播途徑的進程

大大加快。那年的 9 月，疾控中心就把這種疾病命名為獲得性免疫缺陷綜合征（AIDS）。為了方便研究愛滋病的傳播途徑，疾控中心的調查員將所有關聯的病人，以城市和序號的方式進行標注。例如這批病人來自洛杉磯，則標注為 LA1、LA2、LA3……而另一批病人來自紐約，同樣標注為 NY1、NY2、NY3……

然而，在這組美國愛滋病關聯圖中，杜加是唯一一個加拿大人。

所以便用字母 O 來代替，表示「Outside-of-California」。問題就出在這個字母「O」上。因為和數字「0」長得很像，很多研究人員都誤以為這個字母「O」是數字「0」。在這個烏龍事件中，杜加成了所謂愛滋病的「0 號病人」。

這份錯誤的報告把杜加稱為「0 號病人」，並發表於《美國醫學》雜誌上。這「0 號病人（Patient 0）」和代表疾病起源的「零號病人（Patient Zero）」，只是寫法不同而已。當時報告一出，民眾哪管什麼是 Patient 0 和 Patient Zero，馬上引起軒然大波。

雖然研究人員一再澄清，並沒有證據表明杜加就是把愛滋病帶到美國的罪魁禍首，但每一個報導都對杜加非常不利。雖未指名道姓，但報導時處處暗示著這位經常往返加美的加拿大人，就是美國愛滋病疫情的「源頭」。那些人一下子就猜到了，杜加就是這個「0 號病人」。曾經的情人對他怒不可遏，曾經愛慕他的人也對他充滿鄙夷，每個人都在有意地疏遠他。

在愛滋病患者的世界裡，比病毒本身更可怕的是對愛滋病群體的冷漠、誤解、恐懼和歧視。1984 年，剛滿 31 歲的杜加，

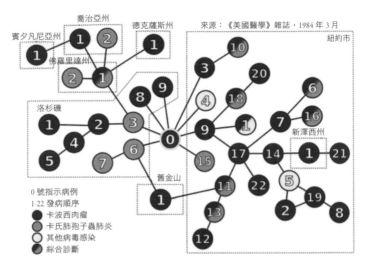

賓夕凡尼亞州　喬治亞州　德克薩斯州　　來源：《美國醫學》雜誌，1984 年 3 月

佛羅里達州　　　　　　　　　　　　　　　　　　　　　紐約市

洛杉磯

新澤西州

舊金山

0 號指示病例
1-22 發病順序
● 卡波西肉瘤
● 卡氏肺孢子蟲肺炎
○ 其他病毒感染
● 綜合診斷

美國愛滋病關聯圖

在病魔與輿論的雙重折磨下離開了人世。

　　然而，他的離去並沒有帶來片刻安寧，這場鬧劇仍在不斷發酵升溫。當時野心勃勃的記者蘭迪·席爾茨（Randy Shilts），正在寫一本關於美國愛滋病的書，想要解釋愛滋病是如何席捲美國大地的。同時，他也敏銳地感覺到，可以在這位「0 號病人」上做點文章。在《曲未終》（*And the Band Played On*）一書中，蘭迪雖然沒證據說明杜加就是美國愛滋病病毒的傳播源，但卻一直用「零號病人」稱呼杜加。最重要的是，他還把杜加描述成一個具有反社會人格的愛滋病「惡棍」。宣稱他在得知自己患病後，仍故意透過性行為散播愛滋病病毒，還推測說杜加共有 2600 個性伴侶。

　　那時美國正處於同性戀轟轟烈烈爭取平等權的時期，媒體對同性戀話題本來就敏感。愛滋病的出現，更是被稱為「同性

戀」瘟疫，大肆宣揚。這下可好，這書一出，在社會上可謂引起軒然大波。各路媒體紛紛引用蘭迪書中對杜加的描述，驚人的性史和惡意傳播愛滋病的行為，成了抨擊這位已故人士的有力武器。謠言不斷發酵，「愛滋病哥倫布」、「沒良心」、「反社會人格」、「美國愛滋病傳染源」、「瘋狂濫交」等標籤，牢牢地貼在他的身上，想撕都撕不掉。

在之後的 30 年裡，幾乎沒有人質疑故事的真實性，更沒有人想要提起杜加對愛滋病研究的巨大貢獻和犧牲。畢竟，總要有人出來接受整個社會的憤怒。杜加自然也成了美國愛滋病傳播史中的替罪羔羊。各種歧視、謾罵、誤解、憤恨全部發洩到杜加的身上，就連杜加的家人也難逃此劫。

但杜加真的如此不堪嗎？

2016 年 3 月，美國亞利桑那州立大學的進化生物學家，利用最新的技術手段「RNA jackhammering」，重新分析了 20 世紀 70 年代來自紐約和舊金山的 8 份男同性戀愛滋病血樣，並與杜加的血樣進行了對比。分析表明，杜加的病毒更像是後來變異的 HIV，在杜加患病之前，HIV 病毒早已存在於美國大地。

這篇發表在《自然》雜誌上的論文，正式把杜加身上「零號病人」的標籤摘除，社會對他的誤解也終於消除。此時，杜加已經去世 32 年。參與研究的劍橋大學的理查‧麥凱說，杜加當時只是個青少年，不太可能擁有如此活躍的性生活，更不可能與 2600 人發生性關係。

除此之外，他更不是媒體口中所說的反社會人格，在最後的一段日子裡，他都非常積極地參與愛滋病組織的志願工作。

就算有情人邀請他發生關係，他都竭力避免，有意地在彌補年輕時犯下的錯誤。當年，多虧了他的積極配合和提供的 72 名性伴侶的名單，疾控中心關於愛滋病和愛滋病傳播途徑的研究才得以進展順利。

在這個世界上，沒有人會想得愛滋病。就算是真正的「零號病人」，也只是不幸被病毒侵蝕的人而已。把某個人，或某個群體釘在歷史的恥辱柱上，對消滅愛滋病也並沒有任何積極的作用。

第十章
當百年前的宗教遭遇科學鬥士

　　現代科學的昌盛離不開先人前仆後繼的努力，相信沒有哪個人會對這句話有異議。可是說起科學的起源，就沒有這樣一個共識了。

　　有人說現代科學起源於古希臘那個大名鼎鼎的亞里斯多德。有人說那個「統治」了物理教科書的牛頓才是現代科學的真正起源。

　　我們無法否認亞里斯多德的貢獻，稱他是世界科學的奠基人也毫不為過。可是他篤信單純依靠思辨就能得出真理，這同今天理論與實驗相結合的現代科學大相徑庭。

　　而牛頓作為理科生無法回避的一代「大魔王」，顯然也是整個科學史上最濃墨重彩的人物之一。但是牛頓的時代又太晚了，現代科學的普羅米修斯之火早已照亮了歐洲的大地。

　　在牛頓出生之前，科學還是宗教圈養的「家畜」。

　　聽起來有些弔詭，現代科學的起源還真離不開那個打壓哥白尼，火燒布魯諾的天主教。這段科學掙脫宗教枷鎖的歷史當中，有一個關鍵人物功不可沒。縱觀他畢生的貢獻，雖然融會貫通了數學、物理學、天文學三門學科，成果多卻算不上開天闢地。可即便如此，他還是被譽為「現代科學之父」、「近代力學之父」。

他有一個很特別的名字，姓與名只相差一個字母——伽利略‧伽利雷（Galileo Galilei）。聽到伽利略這個名字，大多數人腦海裡第一個冒出來的會是那個知名的自由落體實驗。這是很多課本當中都出現過的一個科學故事。

古希臘哲學家亞里斯多德認為，物體的自由下落速度與其重量成正比，越重越快。

千百年來這都是一條不可置疑的真理，只有伽利略不這麼認為。他找來了一輕一重的兩個球，從比薩斜塔上當眾拋下。結果出乎眾人的意料，兩個球幾乎同時落地。在眾人的驚呼聲當中，一個偉大的定律就此誕生，自由落體運動定律推翻了千年前的真理。

可實際上，自由落體運動定律的誕生並沒有那麼戲劇化，正如現代科學的起源一樣。

伽利略的人生從一個沒落的貴族家庭開始。

他的父親芬琴齊奧是一位出色的音樂家，以理論與實踐相結合的音樂思想聞名。作為長子的伽利略不可避免地受到了這種思想的薰陶。10歲時伽利略才開始上學，早年多是在一些修道會與修士一起學習。7年後，伽利略跟隨父親進入比薩大學。

在比薩大學，伽利略很早就聞名全校了，倒不是因為他成績出眾，而是他尤其喜愛反駁教授。

他在那個時期就已經著手研究亞里斯多德的自然哲學，並產生了懷疑。尤其是物體的下降速度與其重量成正比這一條。

因為如果亞里斯多德的理論是正確的，那從天而降的冰雹會發生多詭異的事情。所有較大的冰雹將會第一時間落下，

而較小的那些永遠會在最後才到達地面，這顯然是不符合事實的。

也正是在這個時期，伽利略迎來了自己的第一個重大發現。

據說當時還不滿 20 歲的伽利略在比薩的教堂裡觀察吊燈的擺動，發現無論擺動幅度如何變化，擺動的週期總是相同的。為了驗證這個發現，伽利略又做了很多實驗，最終確定，一個簡單擺的擺動週期是固定的，與擺動幅度無關。

後來他還以此原理製作了可以供醫生測量脈搏的裝置。調整繩子的長度，使得裝置的擺動週期與病人的脈搏一致，讀出繩子上的刻度就能快速得出脈搏的準確數值。

他對自然科學的興趣隨著一場幾何學的演講而蔓延開來。

伽利略常常向當時的數學教授請教一些幾何學的問題，其中一位宮廷數學家發現了伽利略的天賦，希望他未來能從事數學研究。可是伽利略的父親很早就希望他將來能夠成為一名醫生，畢竟當時醫生的收入起碼是數學家的 30 倍。

伽利略哪裡會管這些，他連教授都敢反駁，違背父親的意願又算什麼。他沒有完成父親為他選擇的醫學課程，也沒有取得學位就離開了比薩大學。隨後伽利略便跟隨這位宮廷數學家，正式開始了他的科學生涯。

讓他成名的研究自然就是反駁亞里斯多德的理論。

不過與我們的常識不同，伽利略實際上很可能並沒有在比薩斜塔上做過自由落體的實驗。因為要推翻亞里斯多德的觀點，用亞里斯多德最愛的思辯方式就足夠了。

以亞里斯多德的觀點，一塊大石頭的下落速度要比一塊小

石頭的速度快。如果將兩塊石頭綁在一起，下落快的會被下落慢的拖著而減慢，最終的速度介於兩者之間。假設這個結論成立，兩塊石頭作為一個整體其重量比原本的大石頭還要大，可下落速度卻不增反降。很顯然，亞里斯多德對自由落體的觀點是自相矛盾的。

伽利略就是透過這樣的邏輯推理直接推翻了亞里斯多德的 1900 年前的「真理」。為了驗證，他當然也做過相關的實驗，只不過不是在比薩斜塔上，而是在嚴格控制坡度的斜坡上。而比薩斜塔實驗的出處據説是來自伽利略的支持者，其目的是讓理論更容易理解。

對物體運動的研究也讓伽利略注意到了阻力的存在。

羽毛之所以下落得慢是因為空氣的阻力，在地面運動的物體之所以會停下來也是因為阻力。這又與當年亞里斯多德的觀點相異。

所以有這麼一個幽默的説法，現代科學的誕生就是從反駁亞里斯多德開始的。不過這些現代人看起來正確無比的結論並沒有讓伽利略功成名就，反而讓他成了眾人排擠的對象。

當時比薩大學的教材均出自亞里斯多德學派之手，伽利略雖然沒有將自己的研究公之於眾，但也常常發表一些尖鋭的反對意見。這些言論引起了校內學派很大的不滿，因此常常歧視和排擠伽利略。同時也因為父親的離世，伽利略選擇了離開比薩前往威尼托的帕多瓦任職。

在帕多瓦的這段時間裡，伽利略研究發明了許多新玩意，包括一種能解決炮擊問題的機械計算器，還有遠稱不上實用的試驗性溫度計。

除此之外他還結識了好友克卜勒，在與克卜勒的書信來往中，伽利略曾表示自己已經相信了哥白尼的理論。

但是誰都知道這種事情輕易不能張揚，哥白尼的遭遇就是前車之鑑。

1600 年，又發生了一件大事，一位公開反對地心說的勇士布魯諾被視作異端，燒死在羅馬鮮花廣場。

這件事給了伽利略當頭一棒，他明白，想要徹底推翻亞里斯多德學派還需要等待。在布魯諾被燒死的第九年，傳說一名荷蘭眼鏡師發明了一種叫望遠鏡的儀器。從小就熱愛鑽研儀器的伽利略立刻也開始製作自己的望遠鏡。

不出一年，伽利略就製作出倍率達到 33 倍的望遠鏡，用來觀察日月星辰，甚是美妙。伽利略的望遠鏡也給世人帶來了許多新發現：月球高低起伏的表面，木星的四顆衛星，無數發光星體組成的銀河。

教會十分欣賞伽利略的天文學成果，對他也相當認可。不久，他就收到托斯卡納公國的邀請，擔任宮廷首席數學家，同時出任比薩大學首席數學教授。

實際上他的這些天文學發現都是證明哥白尼學說的最好證據，教會的認可讓伽利略認為時機到來了。之後伽利略前往羅馬，意圖贏得宗教、政治與學術上的認可。教皇保羅五世親自熱情地接待了伽利略，還給了他一個院士頭銜。

只不過神父們雖然承認伽利略的觀測與發現，但是對於他傾向哥白尼學說的一些解釋並未認同。

幾年後，一群教士聯合眾多伽利略的反對者攻擊他為哥白尼辯護，並控告他違反了基督教義。伽利略當然明白事態的嚴

重性，他立刻趕往羅馬挽回自己的聲譽。最終，教廷免除了對伽利略的懲處，但是下達了一項禁令，禁止伽利略以口頭或文字的形式為日心說辯護。

不過，柳暗花明又一村，伽利略的好朋友烏爾邦八世即將出任新教皇。

他以為等到好友新官上任，自己就有機會實現夢想了。

1624 年，伽利略第四次前往羅馬，恭賀好友烏爾邦八世上任，同時也打算說服新教皇解除禁令。結果沒想到好友表示十分理解和同情，但一口拒絕了他，繼續堅持禁令不動搖。

可作為好友，教皇還是心軟了，允許伽利略寫一本同時介紹日心說和地心說的書，態度必須中立。於是伽利略花了 6 年時間完成了自己的大作《關於托勒密和哥白尼兩大世界體系的對話》（以下簡稱《對話》）。

這本書很有意思，兩位分別代表托勒密和哥白尼的學者在一個聰明卻不懂天文的人面前辯論。兩人以非常淺顯易懂的語言解釋各自支援的學說，文風詼諧幽默，甚至還風趣地影射了教皇。一經出版，迅速風靡全義大利，甚至被認為是義大利文學史上的名著。

不過書中以支持哥白尼的學者大獲全勝當結局，加上對教皇侮辱性的影射，被有心之人抓住了把柄。不少人在教皇面前煽風點火，包括教皇背後的政治集團也不斷施壓。

教皇也許心裡支持好友伽利略，但現實逼迫著他審判這個異端。年近七旬的伽利略被傳喚至羅馬，等著他的是嚴刑威脅下的審判。最終伽利略被迫跪在地上，在一份由教廷寫好的「悔過書」上簽了字。隨後主審官宣布，判處伽利略終身監禁，

《對話》一書盡數銷毀，永遠不得出版。

　　也許是因為伽利略良好的認罪態度，也許是因為教皇內心的掙扎，伽利略的判決不久後又改為在家軟禁，由他的學生和故友負責看管。在故友的鼓勵下，伽利略又振作了起來，重新研究起了物理學問題。同樣以對話的形式將自己畢生的科學思想與科研成果撰寫成書，偷偷在荷蘭出版。

　　在人生的最後幾年裡，伽利略經歷了最痛苦的時光。

　　他因為早年觀察太陽而雙目失明，大女兒在照顧他的時候不幸離世。儘管如此，伽利略在生命的最後一刻也沒有停下科學研究，享年 78 歲。

　　1979 年，在伽利略被審判的 300 多年後，梵蒂岡教皇代表羅馬教廷公開在集會上宣布：1633 年教廷對伽利略的宣判是不公正的。

　　這位科學史上的先鋒終於被平反。

　　可那已經不重要了，伽利略的科學精神早已深入人心。

　　牛頓系統地總結了伽利略及惠更斯的工作，得出了萬有引力定律和牛頓三定律。愛因斯坦也這樣評價：伽利略的發現，以及他所用的科學推理方法，是人類思想史上最偉大的成就之一，而且標誌著物理學的真正的開端！

　　科學的發展總是要經歷陣痛，最早接近真相的人很多時候並不是這些流芳百世的名人。只不過他們除了應有的學識外，還擁有追求科學所需的特殊勇氣。

第三篇——里程時刻

改變文明進程
的科學時刻

第一章
攻克人類歷史上最可怕的傳染病

　　古埃及法老拉美西斯五世突然患上了一種奇怪的疾病，他突然發起了高燒，頭痛欲裂，任何降溫方法都不管用。大約3天後，他的身上便出現了密密麻麻的紅色疹子，這些疹子逐漸變大，並開始化膿。隨著化膿的皰疹逐漸乾縮，他的皮膚表面結出了厚厚的痂。一個月之後，這些痂皮才開始慢慢脫落，可法老的臉上、脖子上、肩膀上，卻永遠留下了醜陋的瘢痕。千年之後，當考古學家挖開拉美西斯五世的陵墓，已被製作成了木乃伊的拉美西斯五世身上的瘢痕還赫然在目。

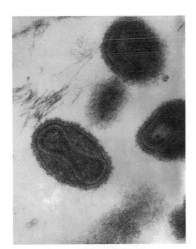

電子顯微鏡下的天花病毒

　　考古學家和古代病理學家認為，這可能就是人類歷史上所找到的最早的一個天花病例。推算起來，早在西元前1161年，天花就開始襲擊埃及。古羅馬帝國在2~3世紀之時因為無法遏制天花的肆虐，國威日蹙。西元16世紀至18世紀，亞洲每年約有80萬人

因感染天花病毒而死去。僅僅是在西元 18 世紀的那 100 年間，歐洲死於天花的人數就多達 1.5 億。

天花是一種致死率超過 30% 的烈性傳染病，是一種被史學家稱為「人類史上最大屠殺」的疾病。不過，正因如此，天花也是第一種被人類消滅的傳染病。

早在距今 1000 多年前的唐朝，「藥王」孫思邈就提出了以毒攻毒的方法。他從天花患者的瘡中取出膿汁，將膿汁敷在健康者的皮膚表面以此預防天花。到了明代，這種人痘接種法才漸漸流行開來，各種有關種痘的書籍如雨後春筍一般冒出來。在中醫著作中被提及最多的，除了傷寒之外，就屬種痘了。

而到了清朝，在康熙皇帝的建議下，人痘法得到了大範圍的推廣。1742 年，清廷還命人編寫了大型醫學叢書《醫宗金鑒‧幼科種痘心法要旨》。此書介紹了 4 種種痘方法，其中以水苗法最佳，旱苗法次之，痘漿法危險性最大。人痘接種術一定程度上阻止了天花在中國的傳播。伏爾泰曾經評價道：「我聽說一百年來，中國人一直就有這種習慣（指種人痘）。這是被認為全世界最聰明、最講禮貌的一個民族的偉大先例和榜樣。」

看到了種痘的效果，各個國家也都開始效仿中國，包括俄羅斯、日本、朝鮮、阿拉伯、土耳其等。在西元 18 世紀之前，人痘接種術是人類對抗天花的主要手段。

可是，當人痘接種術傳到西方，卻出現了問題，難以保存的人痘疫苗在接種時容易失敗。很多不明就裡的醫生將其歸咎為「手氣差」，於是漸漸變得迷信。

不僅如此，人痘接種術雖然降低了天花的威脅，可仍然是一種具有傳染性的免疫方法。1762 年巴黎爆發的天花就是由於

處理不當，使得接種人痘的健康人反而成了天花的傳染源。人痘接種術讓人們看到了根除天花的曙光，可天花帶來的陰霾仍然沒有完全散去。

他的出現，才真正為根除天花帶來了希望。愛德華·詹納是英國的一位鄉村醫生。在他 5 歲的時候，他的父母就雙雙去世了。作為家中最小的孩子，他一直在長兄的呵護下成長。童年時期的詹納對什麼都充滿了好奇心，他搜集過化石，調查過家鄉的地質情況，認識身邊的每一種小鳥。

8 歲那年，詹納進入了小學，接受傳統的學校教育。18 世紀的歐洲，已經有了人痘接種術，可仍然有著極大的風險。接種人痘的患者仍然有死亡的可能，因此必須先進行隔離，否則可能會傳染給家人。

詹納想要找到更好的天花預防方法，而不是繼續使用雖然有效但風險也不小的人痘接種術。於是，他便立下了攻克天花的志向。讀完小學後，詹納就放棄了傳統的學校教育。比起學校中的課程，他更希望能儘早開始醫療實踐，從事第一線的工作。當時他找到了一位當地的外科醫生盧德洛，成了一名學徒。在盧德洛的診所裡，他學習了外科和製藥的知識。

21 歲那年，他去了倫敦，跟著著名的醫學家約翰·亨特學習，在聖·喬治醫院裡，他系統學習了解剖學、病理學、藥物學和產科學的知識。聰明獨立、堅持不懈，詹納有著外科醫生應有的優秀品質。很快，他就成了老師的得力助手，幫助約翰進行實驗研究。

此時的詹納心中時刻牽掛著自己的故鄉，兩年的學習結束後，他離開了倫敦，回到了家鄉。詹納醫術高明，醫德高尚，

名聲很快就傳開了。他成了村子裡最出名的醫生，有很多病人甚至會捨近求遠慕名來找他看病。

然而，詹納的心中卻片刻都不得安寧，他始終惦記著自己兒時的夢想——攻克天花。在他的家鄉，一直以來都有一個傳說：得過牛痘的人不會感染天花。確實，在那些擠牛奶的姑娘和牧牛的小夥身上幾乎看不到天花感染留下的痕跡——麻臉。可僅憑這個，怎麼能斷定牛痘和天花之間就有必然的聯繫呢？

一個人的力量終究有限，詹納希望能動員廣大同行一起進行調查研究。當時的詹納，已經是格洛斯特醫學會的會員，能夠參加學會定期舉行的研討會。在一次醫學會的例會上，他將自己的想法說了出來。可是，醫生們都沒了平日的友好，開始嘲笑、挖苦詹納。

詹納萬萬沒想到，這樣一個嚴肅的話題卻成了人們的笑柄。詹納意識到，醫學會的同行們是指望不上了。想要瞭解牛痘與天花的關係，他只能靠自己。

詹納不辭辛苦地走訪於大大小小的牧場，調查牛痘。他詳細地記錄下了牛痘發病的症狀，各階段的情形。可幾年過去了，他的家鄉伯克利沒有流行天花，也沒有發生大範圍的牛痘。詹納的調查幾乎沒有進展，陷入了困境。

正當詹納一籌莫展的時候，他鄰居家的男主人卻患上了天花。患者的妻子從沒有感染過天花，沒辦法照顧病人。於是，患者的妻子請了一位擠奶女工幫忙。女工眉清目秀、皮膚光滑，儼然從沒得過天花，把詹納嚇了一跳。女工卻很自信地說，她是不會感染天花的。詹納不放心，他日夜守在鄰居的床邊，生怕鄰居和女工會患病。

一個月後，鄰居痊癒了，而女工也確實沒有患上天花。這個結果讓詹納鬆了一口氣，也讓他喜出望外。或許傳言是真的，患過牛痘的人真的不會再感染天花。為了證明自己的猜測，詹納給 5 位曾經得過牛痘的牧工接種了天花膿液。

詹納很興奮，他公開宣布了「接種牛痘能獲得對天花的免疫力」的發現。然而，僅僅 5 例樣本，根本不足以說服醫學界接受這個觀點。他的人體實驗還讓他差點被醫學會除名。

還需要更多更具有說服力的證據，詹納心想。於是，詹納又重新投入了抗擊天花的戰鬥之中。縱然伴隨著他的只有同行的嘲笑，他也沒有退縮。甚至有人提出類似「給人種牛痘會不會長出牛角來」的質疑。巨大的爭議之中，詹納只好自己在各大牧場做實驗。他將天花患者的膿液接種到牧場工人的手上，結果沒有人患上天花。他還給一些自願接種牛痘的孩子接種了牛痘，這些孩子也沒有在天花流行的時候患病。

經過 10 多年的研究，詹納覺得已經是時候了。1796 年 5 月 17 日，這一天，是詹納 47 歲的生日。清晨，詹納的候診室裡聚集了一群人。這些人並不是來給詹納過生日的，他們是來看一場實驗的。上午 10 點，詹納讓所有的人都進入了他的實驗室。除了圍觀實驗的人，實驗室裡還有一位擠牛奶的姑娘尼姆斯和一個 8 歲的小男

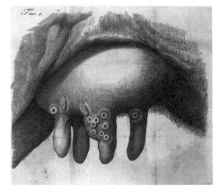

牛痘

孩詹姆斯。他小心翼翼地從正在患牛痘的尼姆斯的手上提取牛痘皰疹中的膿液，再輕輕劃破詹姆斯的手臂，將膿液滴在詹姆斯劃破的傷口上。

整個實驗室裡沒有一個人說話，所有人都屏氣凝神，生怕漏過一個動作。

三、四天後，詹姆斯手上種痘的地方有了輕微紅腫，後來起了痘，漸漸變成了膿皰，也開始發低燒。這個變化讓所有人都緊張了起來，詹納卻仍然是胸有成竹的樣子。果然，一個星期後，詹姆斯的體溫恢復了正常，身上的膿包也逐漸乾枯結痂，脫落後只留下了一個小疤痕，詹姆斯完全恢復了正常。

兩個月後，還是在詹納的實驗室裡，還是之前的那一群人，這一天，詹納要給詹姆斯接種天花膿液。如果詹姆斯因此染病，甚至死亡，那麼詹納就成了罪人。詹納也有些緊張，試了好幾次都沒有成功劃破詹姆斯的皮膚。實驗很快完成，詹姆斯便跟著父母回到了家中。

20 多天的觀察期，詹納一直沒有離開詹姆斯。他每一天都備受煎熬，提心吊膽。然而，觀察期過去後，詹姆斯仍然活蹦亂跳，沒有絲毫感染上天花的跡象。

這是個令人振奮的結果。牛痘能預防天花的消息也很快傳遍了附近的幾個村子。很多人慕名而來，找到詹納，希望能接受牛痘接種術。詹納欣然接受了人們的要求，接種的結果也十分成功。

1798 年，詹納將自己兩年以來的實驗情況與結果寫成了論文《天花疫苗的因果之調查》。他本以為，這次有了那麼多的實驗，人們一定會接受牛痘接種法。可是，他得到的仍然是

一片譏諷。英國皇家學會拒絕接受這位來自窮鄉僻壤的鄉村醫生的論文。還有人責難他，說他在「譁眾取寵、沽名釣譽」。

面對這樣的質疑，詹納還是沒有灰心。他只是有些焦慮，當時的歐洲天花疫情十分嚴重，儘快推廣牛痘接種法才能救更多的人。他陸續又發表了 5 篇文章，還將自己的實驗病例彙集成了一本小冊子《種牛痘的原因與效果的探討》。在這本小冊子中，他詳細介紹了牛痘接種法的具體做法。詹納還在家鄉為人們免費進行牛痘的接種，他的家門前總是排起長長的隊伍。接種過牛痘的人也確實沒有再感染天花。漸漸地，牛痘接種法的名聲傳了開來。

到了 1801 年，英國有 10 萬人進行了牛痘接種。而到了 1871 年，英國還頒布了強制接種牛痘的法令。詹納那曾經遭受嘲笑的文章被翻譯成了德語、法語、西班牙語等多種語言，牛痘接種法也隨之傳到了世界各地。拿破崙更是將詹納稱為「偉人」，對他尊敬有加，還為他建造了雕像。牛痘接種術漸漸代替了原來的人痘接種術，它更安全，對人體的影響也更小。

在牛痘接種法的推廣之下，天花漸漸淡出了人們的視野。1979 年 10 月 26 日，聯合國世界衛生組織宣布全球消滅天花。這種曾經殺死過上億人的傳染病從地球上消失了。

現在，只有美國和俄羅斯的兩個生物安全防護等級高的實驗室裡還存放著天花病毒。天花病毒，成了教科書上的例子，而不是臨床實驗的標本。這是人類歷史上第一次在與傳染病的戰鬥中獲得勝利。想來，也還是要感謝那位鄉村醫生。正是因為他的執著，他的勇敢，才讓人類加速贏得了這場戰爭的勝利。

參考資料:

◎ 劉欣 .《天花的征服者》[J]. 中國醫學人文 ,2016,2(12):43.

◎ 吳慧玲 .《西伯利亞 300 年歷史木乃伊中的天花病毒》[J]. 農業生物技術學報 ,2012,20(12):1368.

◎ 張箭 .《天花的起源、傳布、危害與防治》[J]. 科學技術與辯證法 ,2002(4):54-57+74.

◎ 李白薇 .《天花終結者 —— 愛德華 · 琴納》[J]. 中國科技獎勵 ,2012(5):140-14 .

◎ 劉學禮 .《叩開現代免疫學大門——詹納牛痘接種術的發明》[J]. 生物學通報 ,2002(11):59-60.

第二章
密碼戰：人類智慧的巔峰對決

　　1940 年 5 月 25 日，英法聯軍被德國機械化部隊的鋼鐵洪流打得崩潰。40 萬大軍被逼至法國北部狹小的敦克爾克，一場史上最大規模的撤退行動即將上演。

　　雖然在正面戰場，盟軍被打得節節敗退，可在另一片智力戰場上，盟軍卻拿下了另一場大戰的勝利：那場曠世密碼戰。資訊與情報從來都是戰爭中不可忽視的一環，它讓戰爭成為武力與智力的綜合較量。

　　如今談起密碼，大多數人會想到在各式各樣的登錄介面裡必填的那串字元。但在大半個世紀前，密碼指的幾乎就只是保證情報安全的加密手段，這是一種關乎戰役勝敗的重要技術。

　　曾經德國人就依靠自己發明的一套牢不可破的加密技術，搞得對手們焦頭爛額。這套加密技術被德國人稱作「恩尼格瑪」（Enigma），譯作「像謎一樣」。圍繞著恩尼格瑪密碼機，最殘酷、最高級的人類智力較量拉開序幕，波蘭、法國、英國等國家的頂尖智慧團隊，也包括那位傳奇天才圖靈，都陸續被捲入了這場曠日持久的密碼戰。加密——破譯——不斷瘋狂升級。然而，圖靈實際上也只是這場密碼戰中貢獻突出的一員罷了，真正的歷史遠比電影來得精彩。

　　恩尼格瑪機最初由德國發明家亞瑟·謝爾比烏斯（Arthur

Scherbius）於 1918 年發明。按照他的設想，密碼機主要出售給大型企業用於商業通信，不料市場反應非常冷淡。雖然在民用上沒有市場，但恩尼格瑪卻引起了德國軍方的興趣。

那時正值第一次世界大戰後，英國政府公布了一戰的官方報告。報告中談到一戰期間英國因破譯了德軍的無線電密碼而取得了決定性的優勢。這份報告同樣引起了德軍的思考，恩尼格瑪出現的正是時候，德軍馬上對其進行了安全性和可靠性試驗。

檢查結果讓德軍非常滿意。恩尼格瑪並不難理解，其加密的原理本質上是一種替換加密（Substitution Cipher）。古時候，人們希望加密一段文字時，會將原文（即明文）的字母按照某種一對一配對關係替換成另一個字母。這種做法優點是非常方便，而且密碼強度也很不錯。理論上，如果破譯者想用窮舉法來進行暴力破解，那麼他就要嘗試 26 個字母一共 4.03×10^{26} 種可能的排列順序。因此在很長一段時間內，這種簡單的替換法也被認為是十分安全的。

然而，語言學和統計學教會人們破解這個難題。事實上在字母文字的語言使用

在博物館展出的恩尼格瑪密碼機

中，每個字母的使用頻率是不一樣的。例如一張英語報紙中「e」、「t」的出現次數就要大於「j」、「z」這些字母。即使透過替換，各字母在文章中出現的機率還是不變的。所以透過統計一段足夠長的密文中各字母出現的機率，破譯者就能猜出它們代表的真正字母了，這也是全文採用同一種替換加密方式的缺點。

理解了普通版本的替換加密，再思考恩尼格瑪就容易多了。這種方法的目的是實現每加密一個字母，就更換一種加密方式。如此，每個字母的加密方式都不一樣，在機率上就沒有規律可循了。

那麼恩尼格瑪如何實現這種方案？從構造來看，一台恩尼格瑪主要由轉子、燈盤、鍵盤和插線板組成。鍵盤用來輸入密碼；對應的燈盤則會在輸入後亮起，顯示經過替換後的字母；而轉子和插線板則是恩尼格瑪提高加密性的關鍵零件。

舉一個簡單的例子，當我們在鍵盤輸入字母「S」時，燈盤上會亮起加密後對應的字母，與此同時轉子會向前轉動 1/26 圈，機器的加密方式也因此發生改變。跟之前提到的字母一一對應的替換法類似，此時連續輸入「SSS」，得出來的加密字母可能會是「YJG」。

最巧妙的是，第一個轉子轉動一圈後會帶動第二個轉子轉動一格。同理第二個轉子轉動到某個位置就會使第三個轉子往前轉動。而每次轉子的轉動，都會讓恩尼格瑪的加密方式產生變化，在 26×26×26=17576 個字母後才完成一次迴圈。因此恩尼格瑪基本達到了每個字母都用上不同的加密方式的要求。

嚴謹的德國人對加密效果還不滿意，他們進一步將轉

子設計成可拆卸替換位置的形式，三個轉子共有 6 種排列方式。此時加密方式已達到了 10 萬種（17576×6=105456）可能性。而恩尼格瑪的插線板設計才是真正讓破譯人員望而生畏的主要結構。德國人為恩尼格瑪增加了額外的插線板，將恩尼格瑪的密碼設置增加到 159 百億億種（實際上為 158,962,555,217,826,360,000 種）。

操作員可以透過用電線將插線板中的兩個字母連接起來，這兩個字母在加密時就會被互換。例如 S 和 O 被連在一起，那麼操作員在鍵盤上輸入 S 時，字母 S 就會先替換成 O，再進入機器進行加密，然後得出加密結果。如此一來，即使機器落入敵軍手中，只要重新制定轉子與插線板的具體排列，破譯人員就要面對近乎無窮的可能性。

在接下來的 10 年中，德國軍隊大約裝備了 3 萬台恩尼格瑪，德國人對這種機器的信任完全到了有恃無恐的地步。事實上，自從 1926 年德軍陸續開始裝備恩尼格瑪以來，周邊各國對德情報的破譯率就一直在下降。

英國人和法國人雖然對這種新出現的加密方式一籌莫展，但他們心裡卻不怎麼著急。英法作為一戰的戰勝國對德國的形勢始終看低，危機感不足也導致兩國的密碼學家越來越懶惰。與他們相比，波蘭的內心卻是非常惶恐不安的。在一戰後，波蘭與德國就領土劃分出現了不少矛盾，同時在波蘭東邊的蘇聯也是虎視眈眈。夾在兩股力量中的波蘭必須要掌握他們的情報，才能在潛在的威脅中占據主動。

多次嘗試破譯德軍情報接連失敗後，波蘭人意識到單靠語言學家是無法成功的。他們在境內靠近德國的波茲南大學中

招募了一批數學系學生，其中的馬里安・雷耶夫斯基（Marian Rejewski）成為後來破譯的關鍵人物。

透過盟友法國的情報，馬里安得知德國人在發報時，會先用當日的通用密碼將代表轉子初始位置的三個字母連續加密兩次作為電報開頭。然後他們會將轉子調整到對應的位置，並開始加密後續的正文。收報方獲取電報後，同樣使用當日的通用密碼解密電報前六位元字母。比如「BKFHIA」解密得到「ABCABC」，那麼就可確認轉子初始位置是「ABC」。於是操作員調整轉子位置，然後繼續解密後續的正文內容。

但是這種格式有一個破綻，第一個字母與第四個字母雖然採用了不同的加密方式，但都對應了同一個明文字母。同理第二與第五、第三與第六個字母也是如此。馬里安敏銳地抓住了這一點，並開展了研究。

透過數學上的嚴謹推理，他找到了密文與通用密碼的聯繫，且巧妙地消除了插線板對加密結果的影響，加密方式頓時降到了 10 萬種可能性。這意味著如果使用 100 台仿製的恩尼格瑪進行暴力破解，每 10 秒鐘完成一次檢查的話，就能在 3 個小時內完成暴力破解。

「炸彈」（Bombe）

1938 年他們發明了名為「炸彈」（bombe）的機器，完全破解了當時那個版本的恩尼格瑪。這台機器裝有許多機電轉鼓，轉起來震耳欲聾，不斷複製著恩尼格瑪可能的密碼設置。馬里安的研究工作讓波蘭始終掌握著德國無線電通信的絕大部分內容。

　　然而歐洲日益緊張的局勢沒有讓波蘭當局高興太久。1939年 3 月，希特勒占領了波西米亞和摩拉維亞的餘下地區，下一步入侵波蘭的意圖不言自明。情況危急之下，波蘭人決定把有關恩尼格瑪的研究成果轉交給英法兩國，並且成功說服了他們聘用數學家參與破譯而非語言學家。

　　不久後，希特勒對波蘭宣戰，第二次世界大戰爆發。德國採用閃擊戰，僅 27 天就占領波蘭全境。首個破解恩尼格瑪的國家被占領，德國更是在戰後及時為恩尼格瑪追加了很多措施來提高安全性。他們不僅更換了前 6 個字母的加密方式，還將轉子數量增至 5 個。而新的插線板甚至支援交換 10 對字母，波蘭人鑽研出來的破譯方法已經不再適用。

　　馬里安利用了德軍加密操作上的漏洞來破譯情報，一旦德國人改進操作，破譯方法就會徹底失效。而獲得了波蘭研究成果的英國人則希望掌握一種更加靈活的暴力破解方法。他們在布萊切利園（Bletchley Park）中召集了一群數學家與密碼學家，其中就包括了著名的艾倫・圖靈。

　　圖靈與他的研究小組首先將目光投向了德國人每天早上發出的電報。原來，德國人偏愛在早晨 6 點左右發送一條天氣預報，因此早上 6 點鐘截獲的電報中肯定包含德語「wetter」（天氣）這個詞。另外德國人在電報中也喜歡用一些固定的片

語，就如最常見的「Heil Hitler」（希特勒萬歲）。因此破譯人員每天可以方便地從電報密文中猜測出個別對應的明文片語。

根據猜測出來的片語，圖靈也摸索出了密碼與轉子的對應關係。這種方法同樣避開了插線板的干擾，將轉子可能的組合總數降到 100 萬種。於是圖靈著手改進了波蘭人破解密碼的機器，並且保留了它響亮的名號——「Bombe」。

「Bombe」包含許多 3 個一組的轉盤，每一個轉盤都相當於恩尼格瑪中的一個轉子。每組轉盤就相當於一台恩尼格瑪，它們被用來模擬加密的過程。操作員將之前猜測出來的片語作為線索輸入「Bombe」後，機器就會自行進行暴力破解。當機器得到了可能的解後，它就會停下來給操作員記錄結果，人們再根據結果篩選出符合德語拼寫的唯一解。

圖靈為機器引進了大量的電子零件與更有效的演算法，使「Bombe」的運轉速度超出了當時人們的常識。為了進一步提高效率，圖靈還利用統計原理，幫助機器移除了大量不必要的搜尋任務。一般情況下，「Bombe」可以在不超過 11 分鐘的時間裡找到正確的解。

當這些機器全速運作時，布萊切利園中就會響起像很多織布機同時工作一樣的聲音。在二戰期間，共有約 200 台「Bombe」加入工作。這些機器每天能夠破譯 3000 多條德軍密電，使英國軍方能夠提前知曉希特勒的行動計畫。可以說「Bombe」對儘早結束戰爭起到了不可取代的作用。

德國人設計製造的恩尼格瑪，可稱得上是當時世界最先進的通信加密系統。基於對其安全性的信賴，上至德軍統帥部，下至海陸空三軍都將恩尼格瑪作為密碼機廣泛使用。但德軍不

時暴露出的漏洞成了密碼戰失利的最大原因。

在資訊產業高度發達的今天，加密方式早已推陳出新變得更加嚴密。可資訊安全問題仍層出不窮，並不是因為沒有完美的密碼，而是沒有不犯錯誤的人。

以恩尼格瑪為代表的密碼戰也不過是戰爭的另一種形式，究其本質依舊是人與人的對弈。只是除去了真實戰場的血腥與殘酷，密碼戰這場策略戰爭被人為地蒙上了神祕感。

參考資料：

◎ 歐陽江南.《密碼戰：沒有硝煙的戰場》[J]. 文史博覽,2014(9):25-26. ◎
Meltzer T, 陳鐸.《阿蘭・圖靈的遺產：我們與「思考」機器有多近？》
[J]. 英語文摘,2012(9):36-40.

◎ 吳開勝，田顏昭.《是誰敲響「恩尼格瑪」的喪鐘》[N]. 中國國防
報,2004-07-27.

第三章
收割歐洲一代男青年的大殺器

如果問世界歷史上什麼武器殺人最多、威懾力最強，10個人的回答可能會有 10 種答案。有人認為是二戰落幕時的兩顆原子彈，一瞬之間千里焦土、生靈塗炭。有人認為是「陸戰之王」坦克，論精有一代德意志之魂虎式坦克，論量有拖拉機廠生產的 T-34 蘇維埃鐵流。

但是真正的「軍迷」肯定會笑這些答案太膚淺。

要論對步兵的殺傷力，當然是槍械的天下，不說恐怖分子最愛的 AK-47 步槍，光是二戰中大量裝備的自動步槍在殺敵數上也足以擊敗那些所謂的「大殺器」。而被盟軍稱作「希特勒的電鋸」的 MG-42 通用機槍，也靠誇張的射速成了士兵的噩夢。

然而，這些知名槍械的地位全都比不上一款百餘年前的槍械——馬克沁重機槍。

馬克沁機槍是世界上第一款能夠靠彈藥能量自動射擊的槍械，如今幾乎所有的自動步槍都得認它作鼻祖。18 世紀末的英軍士兵 50 餘人的小隊靠著 4 挺馬克沁重機槍硬生生打退了 5000 餘人的祖魯精銳。英軍那一仗無情屠殺了近 3000 人，剩餘的 2000 餘人落荒而逃。

第一次世界大戰的索姆河戰役，裝備了大量馬克沁重機槍的德軍從容地迎接英軍一次又一次的衝鋒。僅僅一天，英軍就

傷亡近 6 萬人,創下了當時世界戰爭史上單日傷亡的紀錄。到戰役結束,半年時間裡,新式武器的加入讓傷亡人數多達百萬(英法聯軍傷亡 79.4 萬人,德軍損失 53.8 萬人)。而整個第一次世界大戰期間,據估計馬克沁重機槍造成了上百萬的歐洲男青年死亡,被戲稱為第一代「寡婦製造機」。

馬克沁重機槍的裝備加速了英國人動用坦克這種尚不成熟的祕密武器,可以說改變了戰爭的面貌。而製造這一切的那個發明者,不是什麼科班出身的高級工程師,而是個安分守己的農民的兒子。

19 世紀是個靠發明改變命運的年代,海勒姆·馬克沁正是最成功的典型。他出生在美國農村的一個貧苦家庭裡,家裡 7 個孩子,有時候飯都吃不飽。14 歲,馬克沁就離開了學校,進入了一個馬車作坊當學徒。在每天 16 小時的艱苦工作折磨下,馬克沁還是學到了不少人生經驗。

其間,他有機會和哥哥一起進行一段短期的旅行和狩獵,那是馬克沁第一次深入地瞭解槍械。歸來後,他還幻想著將狩獵來的獸皮賣掉,用這筆錢重返校園。現實是馬克沁又回到了作坊裡,再次光榮地成了一名被壓榨的工人。不過,馬克沁這次選擇的是另一家馬車作坊,他在工作的同時還投入了大量精力在學習製圖和機械加工上。

在他的努力下,重新設計的馬車零件效果良好,作坊的生意也蒸蒸日上。4 年後,馬克沁靠自己的積蓄開起了一家小麵粉廠,但沒多久就因經營不善倒閉了。隨後馬克沁做過各種工作,但每種都不太長久。1863 年,馬克沁回到故鄉,遇上了一本影響他大半輩子的書——《尤爾藝術、礦藏和製造技術詞典》。

之後，他來到波士頓，加入了一家從事機械生產的公司。那段時間，馬克沁內心的發明激情被釋放了出來，拿到了人生中的第一個專利——燙髮棒。緊隨其後，馬克沁又發明了自動滅火器，甚至發明了一種燈泡，可謂是美國紅極一時的青年發明家。靠著燈泡的專利，馬克沁成立了一家照明燈公司。

然而，好景不長，資本主義商人愛迪生正覬覦著照明市場的大蛋糕。1880 年，美國市政照明投標，馬克沁的燈泡是奪標的大熱門之一。愛迪生動用了一切商業手段排擠馬克沁這個強勁的對手，甚至逼迫馬克沁賣掉了成立不久的公司。馬克沁自然明白愛迪生的難纏，於是決定離開美國另闢一片天地。實際上馬克沁離開美國前往戰亂的歐洲還有其他的原因。

一位朋友對他說：「如果你想發大財就發明一種可以讓歐洲人更容易自相殘殺的武器。」也許就是這句話給了馬克沁很大的啟發，從而開始研究武器。

那個年代，時值槍械的大革命，擊針式後膛槍和金屬殼子彈的發明讓槍械的發展有了長足的進步。與從前需要從槍口裝填火藥的老式步槍相比，這種新式槍械擁有較高的射速和可靠的結構。高射速所帶來的火力壓制也讓許多軍隊嘗到了甜頭。

因此，自 19 世紀以來，人們都在不斷追求各種提高射速的方法。其中最為著名的就是「大力出奇蹟」的加特林機槍 *。加特林機槍採用多槍管旋轉擊發，需要手動搖動手柄才

---

* 加特林機槍是由美國人理查・喬登・加特林（Richard gordan gatling，譯格林）在 1860 年設計而成的，是在世界範圍內大規模地實用化的第一支機槍。1874 年前後，加特林機槍輸入中國，當時稱其為「格林炮」或「格林快炮」。

能工作。在美國南北戰爭期間，加特林機槍憑藉每分鐘 200 發的射速引發了不小的轟動。

而馬克沁要挑戰的正是加特林機槍這樣的高射速槍械。

當時的歐洲遠不止馬克沁一人想靠發明武器發財，武器發明的氛圍空前的熱烈。但馬克沁還是沉住了氣，仔細思考，他想起了許多年前跟隨哥哥打獵的經歷。

作為一個十幾歲的孩子，他曾被後坐力不小的獵槍撞腫了肩膀。這後坐力給了馬克沁最重要的靈感。馬克沁設想，槍管中的火藥將子彈送出後仍有一部分能量被浪費了，如果能將其利用起來，應該能設計出一種全自動的槍械。

於是他和合夥人組建了公司，全力研製自動武器。僅僅兩年，馬克沁就造出了一架原型機槍，機槍利用火藥的剩餘能量實現了擊發、拋殼、裝填一系列動作。

他本想自己暗中進行射擊試驗，怎料走漏了風聲，英國的劍橋公爵喬治親王聞風趕來參觀。試射時馬克沁只用一個簡易的垂直漏斗裝填了 6 發槍彈，半秒鐘就全部擊發完畢。

可是問題來了，新機槍空有高射速沒有可靠的供彈系統，還不能算完整。為此，馬克沁又設計了一種可容納 333 發子彈的帆布彈鏈。

同時，由於射速過高，槍膛聚集的熱量無法快速散去，很容易導致槍膛出現故障。馬克沁又在槍管上添加了一個水冷式的散熱器，保證機槍的持續射擊能力。這下，這款射速高達每分鐘 600 發的機槍總算完成了。

1884 年，馬克沁在英國舉行發布會時，將一棵一人粗的大樹攔腰打斷。當時參加發布會的清政府代表李鴻章觀後也忍

不住連連驚呼：「太快了！太快了！」但在得知馬克沁機槍的售價和耗彈量之後，又再次驚呼：「太貴了！太貴了！」

雖然無法大量採購裝備軍隊，但李鴻章對馬克沁的發明仍然十分感興趣，於是購買了兩架機槍回國研究。

雖然馬克沁的機槍造成了非常大的轟動，但剛開始卻沒有被大量採購。直到英軍部隊憑 50 人 4 挺馬克沁機槍打退了 5000 多祖魯人，馬克沁機槍的威力才被認可。隨後，蘇丹的恩圖曼之戰，2 萬名士兵被英國侵略軍屠殺，其中約有 1.5 萬人倒在了機槍陣地前。

在歐洲之外的亞洲戰場，馬克沁機槍也是中國人民的老朋友。1905 年，沙俄與日本爭奪中國東北和朝鮮半島，爆發了日俄戰爭。在旅順會戰中，俄軍使用改良後的馬克沁機槍對日本的進攻部隊造成了毀滅性的打擊，將日本人的「萬歲衝鋒」變成了「萬歲犧牲」。

最後日本還是靠從國內調來的重型炮火才攻下了旅順要塞，傷亡 59304 人，堪稱慘烈。

著名的索姆河戰役中，德軍採用改進版馬克沁機槍 MG-08 死守防線，直到戰役結束時，英法聯軍總共才推進了 7 英里[*]。這場戰役中德軍還應用了先進的超越射擊戰術，第一天就收割了英軍近 6 萬人。

所謂超越射擊戰術就是通過帶仰角射擊，將子彈拋射至有效射程外的區域，依靠密集的彈雨殺傷躲在掩體和戰壕的敵人。

---

[*] 1 英里等於 1.6 公里。

這種戰術可以讓馬克沁機槍的殺傷範圍提升至 4 公里。英軍首日傷亡的士兵大多是倒在了德軍機槍陣地 2 公里開外的地方。這場持續了 141 天的戰役裡，100 多萬人喪生，馬克沁機槍「功不可沒」。

　　耐人尋味的是，就在這場慘絕人寰的戰役結束時，已經加入了英國籍並被封為爵士的馬克沁悄然離世。

　　但馬克沁機槍卻一直改變著世界。有傳言說，一戰中陣亡的士兵中，有三分之一都是死於馬克沁機槍之下。

　　一戰結束後，戰勝國協約國對同盟國的合約當中，就限制了德國不得生產重機槍，尤其是馬克沁式的水冷機槍。這其實是對馬克沁機槍的最大認可。也許有人會批判馬克沁，為了財富竟設計了這樣一款威力無比的「大殺器」。馬克沁機槍幾乎收割了一代歐洲男青年，導致數百萬單身女性、人妻因此孤獨終老。

　　其實馬克沁在發明了重機槍之後也沒再繼續設計武器，而是專心搞發明為人類做貢獻，只不過沒有多少人知道他具體在研究些什麼。

　　馬克沁靠售賣機槍發達之後，開始研究大飛機。其中一款飛機長 12 公尺，翼展 34 公尺，重達 3.5 噸，雖然裝載了大馬力的蒸汽引擎，但是想要將這個龐然大物送上天簡直就是異想天開。大飛機計畫流產之後，馬克沁竟然開始研究起了大型遊樂設施，在英格蘭建起了世界上第一座遊樂場。也許這是他對自動武器所帶來的暴戾和殘酷的一種彌補吧。

　　如果說有這樣一個平行宇宙，那裡的馬克沁沒有遭到愛迪生的擠兌，而是留在了美國經營照明事業，那麼歐洲燃燒的戰

火中少了馬克沁機槍的身影，在這個宇宙裡，人類文明會因此
而少一分殘酷嗎？

參考資料：

◎ Martin G. A History of the Twentieth Century Volume One: 1900–1933[M]. New
　York: Harper Collins, 1997.

◎ 劉亞軍 .《馬克沁：自動武器之父》[J]. 智慧中國 ,2017(10):28-29.

◎ 周謙 .《馬克沁和他的機槍》[J]. 現代兵器 ,1993(10):44.

第四章
海森堡之謎

　　1945 年 8 月，美國在日本廣島和長崎投下的兩枚原子彈，讓日本的軍國主義迅速冷卻，宣布投降。以原子彈這種同樣殘酷的形式結束二戰，也許是回應納粹的最佳選擇。

　　戰事告一段落，戰勝的同盟國開始對戰敗的軸心國興師問罪。除了狂熱的希特勒外，那些曾為德國服務的科學家也難逃其責。在科學界，首當其衝的便是著名的量子物理學家──海森堡。作為德國「鈾俱樂部」總負責人的海森堡，即使沒能趕在美國之前造出原子彈，仍然被推向輿論的風口浪尖。

　　既然海森堡都參與了「鈾俱樂部」，那為什麼德國沒能造出原子彈？這也是大眾最關心的問題之一。抽絲剝繭，最主要的原因其實是海森堡算錯了一個資料。他的錯誤資料拯救了世界，德國原子彈計畫因此滿盤皆輸，但他依然避不開道德的拷問。

　　如果他是因為預見了原子彈的殘酷，出於科學家的良知而故意「算錯了」，他將成為萬人擁戴的科學英雄；若他只是因為能力不足而「算錯了」，人們將會坐實他狂熱納粹分子的身分。

　　正因為如此，關於海森堡在二戰中角色的問題，到現在也依然爭論不休，這也被稱為 20 世紀科學史上最大的謎題──

沃納・卡爾・海森堡（1901—1976）

「海森堡之謎」。

沃納・海森堡，生於 1901 年，是擁有純正日爾曼血統的德國物理學家。他年僅 24 歲便發表了關於量子力學的第一篇論文著作，創立了矩陣力學。隨後，他便提出了著名的「不確定性原理」，奠定了整個量子力學發展的基礎，是量子力學的主要創始人。1932 年，31 歲的海森堡便憑著「不確定性原理」，獲得諾貝爾物理學獎。一言蔽之，海森堡就像被上帝眷顧的天才，是 20 世紀最傑出的物理學家之一。

1938 年 12 月，德國科學家哈恩[*]和斯特拉斯曼發現了重核裂變反應。重核裂變也為世界帶來了一個爆炸性的概念——核武器。熱衷於戰爭的希特勒，便如同發現世界上最棒的珍寶，迅速在德國開展了核武器的研究計畫。被希特勒任命為德國原子彈計畫總負責人的，理應是那位被上帝眷顧的天才——海森堡。

那時，全世界也就只有德國，在進行這種利用原子能的軍事應用項目。雖然在納粹上台的第一年，就有 2600 名德國科

---

[*] 奧托・哈恩，德國放射化學家和物理學家，曾獲 1944 年諾貝爾化學獎。

學家背井離鄉，其中包含了多位諾貝爾獎得主，希特勒的種族政策逼走了近一半的科學精英，如愛因斯坦、薛丁格、費米、玻恩、包立、波耳、德拜等世界頂級科學家都選擇離去。

不過，即使流失這麼多科學家，德國依然人才濟濟。從1901 年到 1932 年間，德國獲諾貝爾獎的科學家就有 27 人（英國 16 人、美國 6 人），可以說是遙遙領先。其次，德國化工與重工業實力在世界上是首屈一指的。德國還在捷克斯洛伐克占領著世界上最大的鈾礦，在挪威擁有最先進的重水生產系統。如此厚重的實力下，核計畫的成功幾乎是可以預見的。

一個代號為「鈾俱樂部」的核計畫小組高調展開研究，「俱樂部」包含了重核裂變反應的發現者——哈恩與斯特拉斯曼。還有波特、蓋革、哈特克、舒曼、沃茲、迪布納、施泰特等首屈一指的傑出物理學家。當然，也少不了海森堡這個原子彈計畫的總負責人。

萬事俱備，只欠東風。希特勒的原子彈計畫眼看著就要騰飛而起，一統天下指日可待。然而兩年飛逝，德國不但沒造出原子彈，甚至還進入了完全放棄的狀態。而讓原子彈計畫擱置的主要原因，竟來自海森堡這個總負責人的一份報告。

報告的大意是，據初步計算顯示，要想通過核裂變鏈式反應來生產核武器，至少得需要幾噸的鈾－235，所以在戰爭期間造出原子彈的可能性極低。但是他又同時表示，德國目前在核技術方面還是領先世界的。當時，海森堡申請的研究預算也不過寥寥 35 萬馬克，和美國「曼哈頓計畫」花費的 22 億美元相比真的是九牛一毛。

得知這個結果的希特勒，可以說是大失所望。因為在戰

況吃緊的二戰時期，整個德國的研究都熱衷於較為「速效」的武器。如果不能在短時間內看到成效，整個計畫都會被擱置暫停。那時候希特勒特地下令，對原子彈不必花太多心思，可以轉向建造能提供核能的大型原子反應堆。

有著海森堡的報告做擔保，德國的原子彈計畫自然而然地被擱置了整整兩年。當另一位納粹狂熱分子希姆萊，再次大力推進這個原子彈計畫時，已經到了無力回天的地步。那時候德國大勢已去，許多重要的工業已遭到毀滅性的轟炸，想要製造原子彈也有心無力。

1945 年 8 月 6 日，原子彈在日本廣島爆炸的消息讓全世界都為之震驚。當時情緒最為激動的莫過於發現重核裂變反應的哈恩。他不斷質問當初負責原子彈理論部分的海森堡，就因為他犯了一個如此低級的錯誤，帝國的原子彈率先炸在了自家盟友的土地上。

哈恩崩潰地指責海森堡是個「二流的傢伙」，一流的傢伙不會出現這種錯誤。海森堡因為沒有把中子擴散率計算在內，把造原子彈所需的鈾－235 的品質誇大了好幾個數量級。原本只需要十幾公斤的鈾－235，他竟算成了需要好幾噸。

好幾噸鈾－235 是什麼概念？天然鈾礦中，鈾－235 的含量極低，只有 0.7%。就算是只分離提煉一點點鈾－235，美國「曼哈頓工程」就修建了大量電磁分離工廠。工廠裡的電磁分離裝置，還是從美國財政部借了 4.7 萬噸銀幣和 3.9 萬噸銀錠加工製造而成的。當時美國「曼哈頓計畫」可是動員了 50 萬人，耗資 22 億美元，並占用了全國近 1/3 的電力，才得以完成。

但對最鼎盛時的德國而言，沒有海森堡的計算錯誤，造原

原子彈的費用完全可以承擔。海森堡的失誤對於整個二戰格局的影響，可想而知。造成這種局面的海森堡，在二戰後也發表了聲明，內容大致是：他能預見原子彈給人類帶來毀滅式的災難，並不願意打開這個「潘朵拉魔盒」。

只是因為他身為德國人，有義務、有責任為國家而工作。所以在矛盾的心理下，他開始消極怠工，並有意無意地誇大研發原子彈的難度。這份聲明看上去毫無瑕疵，一方面解釋了海森堡為何犯下如此低級的錯誤，另一方面又回應了來自全世界的道德譴責。

但是海森堡的這份聲明，卻讓「曼哈頓計畫」的重要領導人古德斯密特*嗤之以鼻。因為在他看來，海森堡這兩全其美的解釋不過是徹頭徹尾的馬後炮，就好像公然嘲諷這項耗費巨大的美國原子彈計畫一樣。畢竟古德斯密特全程緊跟著美國「曼哈頓計畫」，最清楚造原子彈的難度之大。他覺得完全就是德國科學家水準不足，造不出原子彈，故意算錯資料和消極怠工只是杜撰的說辭罷了。

在戰後，不只是古德斯密特對海森堡有意見，整個科學界對海森堡的態度都不太友好。海森堡曾訪問過某個原子彈基地，但是那裡的科學家都拒絕和他握手，只因他是「曾為希特勒造原子彈的人」。海森堡何止難堪，這些「實際造出了原子彈的人」，竟還拒絕與自己握手。在他看來，原子彈的本質就是邪惡的，無論是盟軍的還是希特勒的。

面對這些質疑，海森堡從不避讓。海森堡曾和古德斯密特

---

* 古德斯密特（1902-1978），荷蘭—美國物理學家。

在《自然》雜誌和各種報刊上公開打筆仗。但爭論持續多年，仍然沒有結果。

其實關於「海森堡」之謎，可以從海森堡與恩師波耳1941年在哥本哈根的會面得到一些資訊。在德國原子彈投入研究後，海森堡曾借著開會的理由，前往哥本哈根，去見他亦師亦友的恩師波耳。

根據海森堡自己的回憶，他這次去見波耳的主要目的是分享與交流原子彈計畫的最新進度。他認為要想透過核裂變製造核武器，其實困難重重。但也因為困難，科學家們就能利用這個為藉口，來抵抗上層施加的壓力。

言下之意就是，海森堡想要說服波耳，達成默契，用困難當擋箭牌，消極對待原子彈的研發。就像海森堡曾為自己的行為辯解說：「在專制政權統治下，只有那些表面上與政府合作的人，才能進行有效的積極抵抗。」會談內容到底如何，我們無從求證，但是唯一能夠知道的就是當時波耳一直沉默，一言不發，而海森堡之後則表現得十分失落。

在戰後波耳雖沒有提起這些事，但是為不讓大家再胡亂猜測，他曾給海森堡寫過這麼一封信。這封信原定在波耳死後50年公開，由波耳家人在第40年時提前公開了信件。信中顯示，波耳聽到的，不是海森堡在說服自己，反而是有些「勸降」的意味：他感覺海森堡是在向自己炫耀德國已經開始製造原子彈，並獲得突破。海森堡是在努力說服自己歸順德國，因為德國勝利已十分明顯。

但是當年與海森堡同行，一起去拜訪波耳的魏紮克卻表示，波耳當時得知德國正在造原子彈時深感震驚，才犯下了一

個「可怕的記憶錯誤」。

　　另外一份證據，是來自英國祕密安全局對戰後德國「鈾俱樂部」科學家的監聽報告。在報告中，海森堡聽到廣島原子彈爆炸後，以為這是個假消息。因為他一直確信，自己的判斷是正確的，原子彈沒有那麼快能造出來。還是在廣島原子彈爆炸後的三天，海森堡才把參數算對，慢慢接受了這個事實。所以我們只能知道，海森堡確實算錯了資料，而且他也不知道自己算錯了資料，並確信原子彈不容易造出。

　　但是這也並不能證明他就是狂熱的納粹科學家，或許這只是傲慢與自負帶來的結果。就連一些德國教授都曾這樣評價他：「海森堡大約是死都不肯承認德國人在理論上技不如人的。」無論事實是有心還是無意，在陰差陽錯中，海森堡確實是毀了德國的原子彈計畫。

　　這位德國原子彈計畫的核心人物，不是什麼十惡不赦的納粹分子，也稱不上完美的科學英雄。畢竟在戰爭年代，科學家早已不再是科學的主人。在戰爭的裹脅下，即使再偉大的專家也不過是政治的棋子。

參考資料：

◎ 北京晚報.《海森堡是納粹幫凶？諾貝爾獎師生書信公開》[EB/OL]. (2002-02-09). http://news.sina.com.cn/cl/2002-02-09/1747472946.html.

◎ 曹天元.《上帝擲骰子嗎？量子物理史話》[M]. 北京：北京聯合出版公司.2013.

第五章
一個拯救了無數人生命的中國老人

　　南京農業大學裡，有一座看上去極為普通的磚瓦樓。這棟兩層的小樓就是中華農業文明博物館，裡面的千餘件展品似乎將中國農業的歷史鋪展在人們眼前，木犁、石磨、秤桿，水稻、小麥的標本，《齊民要術》一類的善本古籍。在博物館裡，有三樣鎮館之寶。一是春秋戰國時期的雞蛋，這可能是世界上「年齡」最大的雞蛋。二是《齊民要術》全套刻木，是我國最早、最完整的農書，現僅存兩套。而那最後一樣鎮館之寶，與這兩樣相比，看上去就「遜色」多了。

　　在偌大的玻璃展櫃裡，安安靜靜地躺著三支密封的試管，裡面裝著黑乎乎的沙土，看上去像是發了黴的麵包。因為年代久遠，試管上的標籤磨損嚴重，已經看不出字跡，唯有展櫃旁邊的介紹板上寫著：「中國最早的一支青黴素。」原來這三支裝著黑乎乎的沙土粉末的密封玻璃管裡，保存著中國最早的青黴素菌種。那看似骯髒的沙土，實則是菌種最好的溫床。幾十年前的中國，還沒能研製出自己的青黴素。而將青黴素帶到中國的，正是南京農業大學的老校長、中國的農業微生物學開創者、「中國青黴素之父」——樊慶笙。

　　1911 年，辛亥革命爆發，結束了中國千年來的帝制，開

啟了民主共和的新紀元。就在這一年，樊慶笙出生在江蘇常熟。革命時期的中國軍閥混戰、民不聊生，內憂外患威脅著國家的發展。年少的樊慶笙眼看著自己的國家被外人欺負，內心憤懣難平，他決心要發奮讀書，科學救國。

他並非生於大富大貴之家，也算不上是書香門第，只是個普通的小職員之家，家裡的兄弟姐妹眾多，常常入不敷出，可他的父母還是咬著牙將他送到了蘇州的萃英中學讀書。聰明與勤奮讓樊慶笙順利地被保送到金陵大學學習森林學。成績優異的他年年都能拿到獎學金，從而順利地完成了學業。畢業的時候，他更是拿到了金陵大學的最高獎項——「金鑰匙獎」，留在了金大任教。

1940 年，洛氏基金會（洛克菲勒基金會）給了金陵大學農學院一個留美名額。可僧多粥少，校方實在是難以安排。於是，院裡將一份獎學金分成了三份，送三個人去留學，時間由三年改為一年。工作勤奮又聰明的樊慶笙成了首選的三人之一，於是他告別了身懷六甲的妻子，漂洋過海去了美國，轉而學習微生物學。

一年的進修時間很快就過去了，按照約定，樊慶笙應該返回中國。可就在 1941 年，珍珠港事件爆發，隨之而來的是更為激烈的太平洋戰爭。海上交通基本阻斷，樊慶笙根本沒有辦法回國，他只好向洛氏基金會申請了半年的延期。半年過後，戰火仍然沒有平息，樊慶笙的生活已無著落。幸好他的細菌系導師對他很是看重，願意資助他繼續攻讀博士。

當導師問樊慶笙每個月需要多少生活費的時候，他只說了一個最低的數字：60 美元。即使在 20 世紀 40 年代的美國，每

月 60 美元的生活費也屬於貧困線之下，剛剛能吃飽飯。靠著導師每個月給的 60 美元，樊慶笙在威斯康辛大學攻讀博士學位。他幾乎每天都在實驗室和圖書館度過，在實驗室一站就是十多個小時，在圖書館裡貪婪地汲取著世界上最新的科技資料與知識。

三年後，他拿到了威斯康辛大學的博士學位。隨後，他得到了一份在南方西格蘭姆發酵研究所的工作，留在美國，他將會擁有最先進的研究設備，有豐厚優渥的待遇。但是祖國的半壁江山還在日軍的鐵蹄下遭受著踐踏，大洋彼岸的親人也已經有 4 年未曾相見。他深愛的妻子，尚未謀面的孩子，更是讓樊慶笙歸心似箭。

可是太平洋上的戰火愈演愈烈，他心急如焚，卻無可奈何。就在這時，樊慶笙收到了一個美國醫藥助華會的邀請。原來，美國組建了一個援華機構，這個機構由許多醫學專家發起，是一個民間醫藥援華團體，他們決定捐贈一座輸血救傷的血庫給中國。助華會的籌建進展很順利，只是還缺少細菌學方面的檢驗人才。對樊慶笙來說，這正是個千載難逢的機會，既可以回國參加抗日，還能學以致用。他毫不猶豫地辭去了美國的工作，去了紐約，對助華會的會長說，他希望回國後在承擔血庫工作的同時，也能夠進行盤尼西林的研製。

這種抗生素神奇的抗菌效果，挽救了無數士兵的生命，可當時的中國卻無法自己生產盤尼西林，前方將士天天流血，中國實在是太需要盤尼西林了。助華會的會長很理解樊慶笙的想法，想方設法為他準備好了所有的儀器與試劑，還為他找到了兩支極其珍貴的菌種，威斯康辛大學也贈送了他一支菌種。

1944 年 1 月，確定了歸期後，興奮不已的樊慶笙給自己在金陵大學的同窗好友裘維蕃寫了一封信。他與機構組成員攜帶美國捐贈的 200 多箱設備、試劑與製備的 57 份乾血漿登上了回國的運輸船。可這艘船開出沒多久，竟然被日軍炸沉了，樊慶笙的好友悲傷地以為他已經去世，卻不敢將這個消息告訴他家中的妻子。

　　然而半年之後，樊慶笙卻神奇地出現在了昆明。原來當時的諜報活動相當厲害，樊慶笙他們為防不測，在紐約附近的軍港偷樑換柱，悄悄地上了另一艘船。一路上凶險萬分，炸彈在船邊掀起數丈的巨浪，轟炸機在天空中呼嘯而過，甚至還繞道印度洋，換乘「駝峰航線」＊，飛越喜馬拉雅山，終於回到了昆明。

　　血庫的設備很快安裝完畢，1944 年 7 月 12 日，被命名為「軍醫署血庫」的血庫在昆明昆華醫院舉行開幕典禮，為中國遠征軍駐滇部隊服務，歸軍醫署管理。這是中國第一座血庫，從輸血到提取血漿，從乾餾到檢驗，都處於世界先進水準。

　　血庫初建之時，受到迷信思想的影響，獻血的人寥寥無幾。樊慶笙帶著工作人員到附近的部隊、學校、工廠裡宣傳，還在各地的報紙上進行了宣傳。漸漸地，主動獻血的人越來越多，西南聯大的學生更是獻血的主力。戰爭時期物資匱乏，條件也處處受制，血庫的工作只能因地制宜，土洋結合。沒有自

＊　「駝峰航線」是二戰時期中國和盟軍一條主要的空中通道，始於 1942 年，終於「二戰」結束，為打擊日本法西斯做出了重要貢獻。航線全長 800 多公里，地勢海拔均在 4500~5500 公尺上下，最高海拔達 7000 公尺，山峰起伏連綿，猶如駱駝的峰背，故而得名「駝峰航線」。

來水，就自製蓄水箱用人力汲水。沒有柴油，就用木炭做高壓蒸餾鍋的燃料。沒有高溫高壓滅菌鍋，就將每天要用的200多個採血瓶每只沖洗5遍，過肥皂水，再沖洗5遍，稀硫酸浸洗，再沖洗5遍，過蒸餾水。幾十甚至上百公尺長的膠管，每一毫米都不能放過，清洗後還要在蒸餾水裡煮沸以保證無菌。製成的凍乾血漿用飛機運往滇西前線，救治傷患。血庫起到了應有的作用，在戰爭中挽救了無數士兵的生命。一名軍醫的前線報告中寫道，「在戰地救治中，接受過血漿輸注的傷兵只有百分之一不治而亡，凡經血漿救治的傷兵，無一不頌血漿之偉大」。

血庫對面，是當時的中央衛生署防疫處。防疫處的處長湯飛凡當時正領導著一個小組進行盤尼西林的研製。看到樊慶笙，湯飛凡很高興，立刻邀請他加入自己的工作。盤尼西林的研製，也是樊慶笙回國的目的之一，他欣然接受了湯飛凡的邀請。樊慶笙有儀器有設備，還有從美國帶回來的新技術和菌種，湯飛凡則已經在盤尼西林研製方面有一定的經驗與基礎，兩個人一拍即合，使得盤尼西林的研製進度大大加快。

就在1944年的年底，中國第一批5萬單位／瓶的盤尼西林面世。戰亂中的中國成了世界上率先製造出盤尼西林的7個國家之一[**]。可惜的是，戰爭時期中國還是難以實現盤尼西林的工業化生產，只能試驗性地生產一些盤尼西林。雖然只是試生產了小規模的盤尼西林，但這種神奇的抗菌藥物仍然挽救了許多前線士兵的生命。抗戰勝利後，盤尼西林的工業化生產排上了日程，樊慶笙搬到上海的生化製品實驗處工作，進行盤尼

** 7個國家分別為：美國、英國、法國、荷蘭、丹麥、瑞典、中國。

西林工業化生產的準備工作。

　　就在這裡，他給盤尼西林起了一個中文名字 —— 青黴素 [*]。中華人民共和國成立之後，國家建立了南北兩個青黴素的生產基地（上海第三製藥廠和華北製藥廠）。在童村與張為申的帶領下，青黴素的工業化生產走上了正軌。此時的樊慶笙，又回到了他的母校 —— 金陵大學從事教學工作。不久，全國高校院系調整，金陵大學農學院併入了南京農學院。樊慶笙在那裡成立了國內最早的土壤微生物學教研組，開始自生固氮菌和根瘤菌的形態、生理、生態研究。

　　1956 年，中國微生物學會年會在上海舉行，樊慶笙在這裡又見到了許久未見的湯飛凡。兩人聊起青黴素的早期研製過程，都唏噓不已。可他未曾想到的是，這一次見面，竟然成了永別。第二年，湯飛凡不甘受辱在北京自盡，終年 61 歲。而樊慶笙，則被迫離開了他熱愛的講台與實驗室，中斷了他視之如生命的事業。取而代之的是大會小會的批鬥和艱苦的體力勞動。幾年後的「文革」，樊慶笙被關進了「牛棚」。精心培養的教學隊伍散了，科研骨幹隊伍也四分五裂。可樊慶笙心中的夢想仍然在燃燒，他的拳拳報國之心絲毫未減。不准在實驗室做科研，那麼到農村去搞實驗總沒問題吧？他跑到了農田裡，直接為農業生產服務，並且頭頂草帽，穿著一身舊中山裝，走遍了大江南北。

---

[*]　他根據分類學的特徵提議叫「青黴素」，依據有二：一是形態上，這種黴株泛青黃色，所以取其「青」；二是意義上，英文中的詞尾「-in」在生物學上常翻譯為「素」，如維生素（Vitamin）。兩者合一，終命名為「青黴素」。

在那個並不發達的年代裡，樊慶笙提出了接種根瘤菌[**]的方法，推翻了紫雲英[***]不能過長江的理論。漫山遍野的美麗紅花草越過了長江，跨過了黃河，一直挺進到關中地區，直達西安。紫雲英北移成功，是根瘤菌共生固氮的一項突破性成果。這為中國廣大地區提供了優質的無公害綠肥，也讓糧食的產量有了很大提高。

1978年，年近古稀的他重新回到了講台，回到了科研崗位上，成了南京農學院復校後的第一任校長。他說，他要把失去的20年奪回來，剩下的時間與生命，他要全部交給國家。彼時的南京農學院百廢待興，他加緊了師資隊伍的建設，培養了大批高水準的人才。扶植中青年教師，送他們出國進修，孜孜不倦地為自己的研究推敲和修改論文。已然七八十歲高齡的他每年早出晚歸，東奔西走，工作10多個小時，甚至為了不耽誤博士生的論文答辯，患闌尾炎的他強忍著疼痛不肯去醫院。當黃昏時分，主持了一整天答辯的他終於支持不住被送到醫院。這時候，他的闌尾已經穿了孔，1993年，樊慶笙被查出患上了腸癌。年事已高加上重病纏身，他不得已住進了醫院。

病榻之上，他卻還在工作，完成了《土壤微生物學》一書

[**]　根瘤菌（Rhizobium）：與豆科植物共生，形成根瘤並固定空氣中的氮氣供給植物營養的一類桿狀細菌，對豆科植物生長有良好作用。

[***]　紫雲英：又名翹搖、紅花草、草子，原產中國，是中國主要蜜源植物之一。紫雲英的根瘤菌屬紫雲英根瘤菌族，它不是土壤常住微生物區系，在未種植過紫雲英的地區一般需要接種根瘤菌。紫雲英是重要的有機肥料資源，也是稻田主要的冬季綠肥作物，對於改良土壤、培肥地力，提高糧食產量有著重要的作用。

35 萬字的書稿和 126 幅插圖的審閱。1998 年的五一節，病重的樊慶笙被送到了監護室搶救。看著昏迷中的樊慶笙，他的學生忍不住對醫生說，「你們救救他吧，樊老可是我國第一個研製出青黴素的人啊！」在場的醫生和護士都愣住了，他們不知道，病床上這個奮鬥到最後一息的老人，竟然是他們每天用來治病救人的青黴素的研製人。7 月 5 日，樊慶笙最終還是沒有逃脫疾病的魔爪，離開了人世，享年 87 歲。

如今，看著中華農業文明博物館的三支玻璃管，讓人不禁想起那個 1997 年的冬天，他收到了中華農業文明博物館的徵物信，進房摸索了半天後，他小心翼翼地托著三支玻璃管出來了。而這三支封了口的玻璃沙土管，三支埋藏著中國最早的青黴素菌種的玻璃沙土管，被中華農業文明博物館收藏了起來，作為鎮館之寶。

每一段不努力的時光，都是對生命的辜負。待我成塵時，你將見到我的微笑。

參考資料：

◎ 樊真美 .《樊慶笙和第一座戰時血庫》[J]. 鐘山風雨 ,2015(3):45-46.

◎ 青寧生 .《我國農業微生物學之主要奠基人 —— 樊慶笙》[J]. 微生物學報 ,2011, 51(4):566-567.

◎ 樊真美 , 樊真甯 , 周湘泉 .《中國第一支青黴素的研製者和命名者 —— 樊慶笙》[J]. 鐘山風雨 , 2003(6):12-15.

第六章
NASA 背後的隱藏英雄

　　在 2017 年奧斯卡頒獎典禮上出了一件奇怪的事情。當然，這裡說的不是頒錯獎的大烏龍，而是在一堆奔著小金人來的演員中間，卻有一位非裔女數學家混在了其中。原來她就是被奧斯卡提名的電影《關鍵少數》中的原型人物，NASA 的超級女英雄——凱薩琳・強森（Katherine Johnson）。

　　這部電影主要講述了在那個種族隔離大行其道的 20 世紀 60 年代，三位黑人女性衝破性別和種族的歧視，為「太空競賽」下的美國航空事業做出了巨大貢獻。隨著《關鍵少數》的上映，真正的「隱藏人物」凱薩琳・強森才漸漸走入人們的視野。

　　在那個沒有電腦的年代，凱薩琳・強森在 NASA 裡擔當著「人肉電腦」的角色。她負責開發各種太空路線，計算各種至關重要的

凱瑟琳・強森（1918—2020）

航空軌道參數，是水星計畫、阿波羅登月計畫中不可或缺的角色。但只要稍有差池，整個太空任務就可能完全失敗甚至造成太空人死亡。

　　從家庭主婦到 NASA 飛行小組成員，凱薩琳・強森經歷過怎樣的不公待遇我們不得而知。但她卻說：「我知道歧視就在那裡，但我選擇不去看它們。」

　　然而，就是這股最純粹的力量，讓她將種族隔離的壁壘和性別歧視的天花板逐一打破，讓她活成了一個傳奇。

　　1918 年，凱薩琳・強森出生於西維吉尼亞州的一個小鎮。凱薩琳的父親是眾多黑人農民中的一員，還額外從事著一份看守的工作。雖說父親沒什麼文化，但卻有著不一般的數學天賦。當初父親與木材打交道時，只要看一眼便能計算出一棵樹可以加工成多少塊木板，他甚至還能解答出許多讓老師都感到困惑的算術問題。凱薩琳也認為自己繼承了老爸的數學天賦，從小就特別迷戀數學。旺盛的求知欲無處釋放時，她就經常去計算各種能數的東西，例如教堂的階梯、洗過的刀叉碗碟她都不放過。在哥哥姐姐都嚷嚷著拒絕上學的時候，她卻迫不及待地想要學習。她還老是偷偷跟著哥哥去學校，弄得老師基本都認識她，還允許她參加暑期學校。

　　一到學校，6 歲的凱薩琳便開始碾壓各路同齡學生。老師看她這麼聰明，就直接安排她插班到二年級，一年級就不用讀了。本來就聰明的她在老師的一番指點下，數學天賦逐漸顯露。兩年後，她又連跳了兩級，直接進入六年級。那時，比她大 3 歲的哥哥還在讀五年級。

　　凱薩琳剛滿 10 歲，就要上高中了。但這也是她第一次因

為身分的問題，感受到了來自社會的惡意。凱薩琳所在的小鎮，只向非洲裔的孩子提供到八年級的教育，高中部並不接收他們。

不過幸運的是，凱薩琳的父母雖然沒什麼文化，但是卻非常注重孩子們的教育。他們打探到距老家 200 公里外，有接收非裔學生的高中學校。於是，母親便帶著凱薩琳和哥哥姐姐們搬到學校附近，住在租來的房子裡。而父親則留在小鎮那邊，繼續工作給幾個孩子賺取學費。高中畢業後，14 歲的凱薩琳便獲得了全額獎學金進入了西維吉尼亞州立大學，攻讀數學專業。在最喜愛的數學領域中，凱薩琳一口氣就把所有的數學課程學完了，但這些課程遠遠不能滿足她旺盛的求知欲。

看著如此聰明和勤奮的凱薩琳，克萊特博士——第三位獲得數學博士學位的非裔美國人，特別禮遇她。他特地為凱薩琳增設了一門高級數學課程——解析幾何學，而凱薩琳就是唯一的學生。而這門解析幾何，也成了她日後進入 NASA 飛行小組的敲門磚。

1937 年，19 歲的凱薩琳帶著沉甸甸的數學知識完成了大學的學業，還順便多考了一個法語雙學位。如果放到現在，這樣的天才少女恐怕早就有企業搶著要了，出路完全不是問題。但在那個種族隔離的時代，一名黑人女性，她面臨的卻是種族和性別歧視的雙重大山。

想要繼續深造是不可能的了，而她唯一能找到的與數學相關的工作就是到黑人小學教書。在做了一段時間的數學教師之後，凱薩琳的人生出現了轉機。1938 年的「密蘇里州代表蓋恩斯訴卡納達案」中，美國最高法院做出裁決，如果一個州只設

了一所有該專業的學院，則不得根據種族限制只錄取白人。於是，凱薩琳幾乎是見縫插針地成了第一批進入西維吉尼亞大學研究所的黑人學生。

這第一批黑人學生只有 3 個，而她也是其中唯一的女性。但作為第一批黑人研究生，凱薩琳也受到了前所未有的差別待遇。不到一年，凱薩琳就離開了這所對她充滿惡意的研究所，決定將生活重心放在家庭上。在之後十幾年裡，凱薩琳也成了擁有 3 個孩子的家庭主婦。但當她自己都以為人生就止步於此的時候，一個好消息卻重新點燃了她的數學夢想。

那時，美國與蘇聯的「太空競賽」開始進入白熱化階段。NACA（即 NASA 的前身）正在緊鑼密鼓地招募數學計算員，重點是，竟然還向黑人女性開放。在丈夫的支持下，他們舉家搬遷到離工作地點近的地方。

經過長達一年的測試，1953 年夏天，凱薩琳正式加入 NASA。

時隔十幾年，從家庭中走出來的凱薩琳仍堅信自己能夠勝任 NASA 這份工作。事實也確實如此，她不但能勝任，而且比當時的許多男性同事表現得更加出色。剛開始，凱薩琳和許多黑人婦女一樣在擔任一

凱瑟琳‧強森

個職位名稱為「Computer」的工作。雖說是「Computer」，但是她們手頭卻沒有電腦，全都是用紙和筆來完成枯燥的計算。

在那個電腦還未正式投入使用的年代，她們被當作「人肉電腦」來使用，也被稱為「穿裙子的電腦」。《關鍵少數》中有色人種的辦公室內，「穿裙子的電腦」們，黑人和白人有不同的餐飲區、工作區和衛生設施，這些非裔女計算員的辦公室就赫然寫著「有色人種計算室」。但凱薩琳只當了兩個星期的「穿裙子的電腦」，便被臨時抽調到一個飛行小組中。

當時，這個小組急需一名會解析幾何的計算員，而大學時克萊特博士教給凱薩琳的解析幾何知識派上了大用場。因為凱薩琳實在是「太好用」了，以至於這個臨時抽調的時間一直在延長，大家都不願意把她「還」回去了。

雖說大家都越來越依賴凱薩琳的數學天賦，但在這個全是白人男性工程師的飛行小組，歧視卻一直大行其道。因為她是這個團隊中的一個特例：唯一的黑人，唯一的女性。在辦公室裡凱薩琳一直遭到同事們的白眼和無視。除了無法使用白人的咖啡機外，還只能使用有色人種的廁所。

然而最讓人無法接受的，還是明明是凱薩琳的建議或計算成果，報告上卻只能署上別人的名字。她做著最核心的工作，卻拿著最微薄的薪水，享有最低等的待遇。但在受到種種歧視時，凱薩琳在選擇視而不見的同時，卻從未放棄過自己應有的權利。幾乎每一次寫報告，不管遞交成不成功，她都會簽上自己的名字。當遇到不清楚的問題，她一定要刨根問底將其搞懂，也不管其他同事翻了多少個白眼。

當時，NASA 的重要會議上幾乎沒有出現過女性，但是凱

薩琳為了獲得飛船飛行的第一手消息，她勇敢地向上司提出參加會議的請求。遭到拒絕時，她說：「有法律規定女人不能參加會議嗎？」

最後，她確實爭取到了參加會議的資格，成為整個會議室的唯一一位女性。此外，她的傑出表現也慢慢受到了上司的重視，報告上也終於出現了自己的名字。

她用自己的努力一步一步地獲得他人的尊重和認可，這位黑人女孩成了 NASA 的傳奇人物。後來，每當團隊遇到什麼難題，總會有人說：「問問凱薩琳吧！」

1961 年 5 月 5 日，水星計畫的「自由 7 號」將美國第一位太空人艾倫・雪帕德送上太空，這艘飛船的運行軌跡正是凱薩琳計算的。隨著「太空競賽」的不斷升溫，凱薩琳的工作也變得越來越複雜了。她從早期的拋物線軌道，算到橢圓軌道，從繞地球飛行軌道，算到繞月飛行軌道。

儘管後來電腦已經被應用於軌道的計算，但是 NASA 卻仍不放心，硬要凱薩琳這台「人肉電腦」驗算過才敢起飛。

1962 年，約翰・葛倫在首次環繞地球的太空飛行中，就指名要求凱薩琳幫忙驗算後才敢上天。他不相信電腦，反而相信凱薩琳，說：「如果那個女孩（the girl，指凱薩琳）說沒有問題了，我才算準備好。」

約翰・葛倫完成的飛行任務，也標誌著美國在太空競賽中首次超過了蘇聯，同時也標誌著凱薩琳得到了認可。

從進入 NASA 到 1986 年退休的 33 年間，凱薩琳幾乎參與了每一個重要的航太計畫，為太空探索做出了巨大貢獻。

2015 年，歐巴馬授予凱薩琳總統自由勳章。

2016 年，凱薩琳也隨著《關鍵少數》的熱映，進入了大眾眼裡。

　　而 NASA 為她撰寫的傳記的結尾是：「如果沒有你，NASA 不會是今天的模樣。」

　　凱薩琳用一生告訴我們一個道理：人一出生就帶著各種標籤，但是這些標籤並不是真正阻礙你前進的阻力。在撕毀這些標籤時，革命只能使人們獲得表面的勝利。但真正的尊重，還是需要實力才能贏得。

第七章
被當作生化武器使用的「不治之症」

　　很多人腦子裡可能都有這樣一段記憶。在室外玩耍，手腳不小心被生鏽的東西扎破，同學或者父母總會嚷嚷著要你到醫院打針。可你卻完全不理解，明明只是一個小小的皮肉傷，止血包紮消毒還不夠嗎？

　　後來你才知道，打的是「破傷風針」。許多年過去了，每次受外傷也總有人叫你打「破傷風針」。而我們對破傷風的認知也僅僅停留在「好像很危險」的層面。

　　破傷風，提及它的概率幾乎和狂犬病一樣高，但我們對它卻知之甚少。從名字中不難看出，破傷風應該不是什麼「進口」病症，它在中國的歷史還相當久遠。據說南北朝時期的昭明太子就死於外傷引發的破傷風。早在魏晉南北朝之前，就有史書記載了破傷風的症狀。

　　前漢有一書，名《金創瘈瘲方》，其中的金創即是受金屬利器所致的開放性損傷，而瘈瘲指的是受傷後引起的症狀，通常表現為肌肉緊張，伴有手足痙攣、抽搐等，明顯區別於一般的外傷感染。金創瘈瘲很可能指的就是後來我們所說的破傷風。

　　早期的醫學書籍中雖有記載，但對其發病的原因並沒有做

出詳細的解釋。隋唐時期，認為患者的抽搐、肌肉緊張等症狀是傷口受風寒所致，便創用了「破傷風」這一名稱，沿用至今。《理傷續斷方》一書中，提出了預防性意見：「不可見風著水，恐成破傷風，則不復可治。」

古人對破傷風的認識就是不治之症，但就算是癌症、愛滋病也總有人創一些偏方招搖撞騙。香港某出版社曾有《華佗神方》一書，共 15 卷，當中竟然記載有「華佗治破傷風神方」。書中引文出現了「破傷風」一詞，也許是華佗神醫穿越到隋唐時期留下的傑作。

破傷風之所以難治是因為它的特殊性。不同於常見的感染，破傷風的致病菌破傷風梭菌[*]是一種厭氧菌。這種細菌只能在缺氧的環境中生存，例如人類和動物的腸道當中。若暴露在氧氣充足的環境下，破傷風梭菌就會發生形態上的變化，生出芽孢。

雖然芽孢和真菌產生的孢子在英文中共用一個名稱 Spore，但二者的界限是非常明確的。芽孢是某些菌體在惡劣環境下的一種休眠體，一個細菌產生一個芽孢，遇到合適的環境時又重新成為菌體。所以芽孢並不是細菌的繁殖體。

破傷風桿菌的抵抗力驚人，其芽孢經糞便傳播，能在土壤中存活數十年。此外，芽孢還十分耐高溫，在沸水中能存活 40~50 分鐘。因此，破傷風梭菌在自然和居住環境中都是廣泛存在的。

---

[*]　破傷風梭菌是引起破傷風的病原菌，大量存在於人和動物腸道中，由糞便污染土壤後經傷口感染引起疾病。

長期以來的錯誤認識實際上並沒有對預防破傷風起到任何作用，反而發生了很多可笑的事。很多人不太瞭解破傷風，但又聽說過一些關於破傷風的禁忌，也相當害怕得病，於是有人就在受了外傷後身穿厚重的衣物，生怕受了風寒患上破傷風。

　　實際上對於成年人而言，感染破傷風需要幾個特殊條件：

　　第一個當然是傷口受到了破傷風梭菌或者其芽孢的污染。

　　第二個則關乎傷口的形態，一般而言，創口開放且較深，內部伴有組織失活的外傷才容易形成缺氧的環境引發破傷風。

　　滿足這兩個條件，破傷風梭菌才能順利侵入人體。不過，破傷風的致病原理遠沒有這麼簡單。破傷風梭菌本身不具有侵襲力，並且只在壞死缺氧的組織中繁殖。但它能產生一種人體極為敏感的神經毒素，並在菌體裂解時釋放。所釋放的神經毒素一般被稱為破傷風痙攣毒素，70 公斤體重的成人致死量只要 0.0001/5 毫克。

　　破傷風痙攣毒素的毒性極強，在自然界中僅次於肉毒毒素[**]。其作用主要是阻止抑制神經衝動的傳遞介質釋放，破壞上下神經元之間的正常傳遞。導致的症狀就是肌肉只會收縮，卻不能正常舒張，長期維持緊繃的狀態。患者最終往往死於呼吸衰竭導致的窒息、心力衰竭。

　　雖說古人尚無法瞭解破傷風的這些致病原理，可是他們透

[**] 肉毒毒素是肉毒桿菌產生的含有高分子蛋白的神經毒素，是目前已知在天然毒素和合成毒劑中毒性最強烈的生物毒素。它主要抑制神經末梢釋放乙醯膽鹼，引起肌肉鬆弛麻痺，呼吸肌麻痺是致死的主要原因。

過觀察也找到了一些規律。這些規律除了可以幫助預防破傷風的發生，還有一項重要的作用——殺敵。既然無法消滅猛獸，不如將猛獸趕進敵人的軍營。以我們現在的認知，想要破傷風梭菌發揮最大的作用，必然要創造一個適合它生存的傷口。用這樣的標準去尋找，無疑穿刺類的武器更適合利用破傷風。

最典型的就是弓弩類武器，單純穿刺，只要命中就是一個半開放式的深創。古人沒有什麼無菌操作的概念，一般就包紮上點金瘡藥，手狠一點的就拿烙鐵燒灼止血。這樣的傷口環境簡直就是破傷風的理想家園，因此，古人很多戰場上的習慣都無意中利用了破傷風梭菌。

例如英法百年戰爭中出場頻率很高的長弓兵，他們擺開陣形後通常有一個習慣：將箭袋中的箭支悉數插入腳邊的泥土裡。這種做法不僅更方便取箭，提高射速，而且能讓箭頭沾染上泥土中的污物，提高命中非要害部位後的感染致死率。

這一招的威力不亞於使用某些慢性毒藥，輕則感染喪失戰鬥力，重則引發破傷風一命嗚呼。

無獨有偶，擅長騎射的蒙古人也有獨家的秘訣。只不過和西方長弓兵定點射擊不一樣，騎射手不方便就地取材用泥土污染箭頭。他們在保存箭支的方法上大膽創新，採用馬糞「滋養」箭頭。深度加工之後會集中放到用牛胃做成的袋子裡保存。這一步步的操作讓箭頭上充滿了各種細菌，當然也少不了破傷風梭菌。甚至明朝威震亞洲的戚家軍，長槍兵都會先將槍頭插在泥土中，「中招」了的士兵將會經歷萬分痛苦的死亡過程。

破傷風痙攣毒素最先影響的肌群是頭部的咀嚼肌和面部肌肉。患者一般先咬緊牙關且張口困難，之後出現面部僵硬，

形成「苦笑」面容。隨後是軀幹的肌群，腹部和背部肌肉同時收縮，但因背部更有力，一般會形成「角弓反張」的特殊現象。

與士的寧*（馬錢子鹼）中毒的症狀類似，稍有外界刺激患者便會引發強烈的肌肉痙攣抽搐。嚴重者有可能因為肌痙攣過於強烈導致肌斷裂甚至是骨折，最終死於呼吸衰竭、心力衰竭以及肺部併發症。

破傷風的潛伏期通常為一週左右，古時也稱「七日風」。早期非常容易被忽視，等到出現症狀後，已是中晚期，幾乎只能聽天由命。戰場中傷口受破傷風梭菌污染的概率可達 25%~80%，平均病死率近 1/3。這個殺傷力在古代絕對是不可小覷的。

雖然破傷風恐怖，不過幸運的是它沒有傳染性，日常生活中也不易產生易感染的傷口。因此形成了外傷也不必過於緊張，普通的傷口無須擔心感染破傷風。至於民間說法被生銹鐵釘扎傷就一定要去打破傷風針，其實存在著謬誤。

破傷風桿菌的芽孢是廣泛分布於各處的，並不會在鐵銹處聚集，真正應該擔心的是傷口的深度。不論鐵釘是否生銹，只要表面不潔外傷都有可能發展為破傷風。及時就醫是最好的選擇，經過醫生的判斷再決定是否打「破傷風針」。

至於所謂的「破傷風針」其實有兩類：

一種是破傷風疫苗，例如在嬰兒時期就接種的百白破聯合疫苗，其對破傷風的預防效果甚好。一般而言，接種後 10~15

---

* 士的寧又名番木鱉鹼，是由馬錢子中提取的一種生物鹼，能選擇性興奮脊髓，增強骨骼肌的緊張度，臨床用於輕癱或弱視的治療。

破傷風毒素發作痙攣

年內可以維持高達 95% 以上的保護率。

另一種則是受傷後即時注射的球蛋白製劑，用於快速提高體內抗體水準。和抗蛇毒血清類似，這種抗毒製劑是由破傷風類毒素免疫的健康血漿提取製成的。

破傷風針中的抗毒素球蛋白一般來自馬，俗稱「馬破」，英文縮寫TAT。但也有少部分體質易敏感的人對「馬破」過敏，因此後來又誕生了提取自人類血漿的「人破」作為特別情況下的補充方案。

但實際上很多不瞭解原理的患者會拒絕非常便宜且效果良好的「馬破」，指明要注射上百元的「人破」。似乎價格越高效果越好，原本作為「馬破」補充的「人破」反而受到熱捧，形成了一個畸形的市場環境，產量大成本低效果好的「馬破」賣不出去，而生產工藝複雜，產量小且昂貴的「人破」卻一針

難求。

　　這些年，人類從無知地認為破傷風因風寒入侵引起，到後來正確認識其病理，也研製出了效果良好的疫苗和抗毒素，每年的破傷風致死人數大幅度減少。可是，似乎當初的無知並沒有離我們遠去。環境的變化和科技的發展消滅了無數病症，有時卻對愚昧無知束手無策。

參考資料：

◎ 《破傷風》[J]. 中國神經免疫學和神經病學雜誌,2017,24(3):228.
◎ 沈銀忠, 張永信.《破傷風的科學防治》[J]. 上海醫藥,2012,33(19):9-12.

第八章
拯救阿波羅 13 號

阿波羅 13 號任務控制中心

13，一個再平常不過的數字。但在許多西方人看來，它似乎是洪水猛獸，象徵著災難的到來。人們忌諱 13 日出遊、13 人同席就餐，13 道菜更是不能接受了。看起來這個不成文的忌諱也同樣發生在了 1970 年 4 月 11 日發射的阿波羅 13 號[*]身上。

但它卻也成了人類史上一次「最偉大的失敗」。半個世紀前，阿波羅 13 號飛船在登月中途遇上了氧氣罐爆炸的險情。它不僅使整整耗資 4 億美元的登月計畫瞬間泡湯，也讓 3 名太空人的生命岌岌可危。但幸運的是，在與地面控制人員的冷靜合作下，3 名太空人成功化解了缺電、缺水、二氧化碳中毒、低溫、切斷通信等重重危機。最終他們駕駛著一台嚴重損壞

---

[*] 阿波羅 13 號（Apollo 13）是美國航空航天局阿波羅計畫的第七次載人飛行任務，也是第三次載人登月任務。

的太空飛船成功返回了地球。人類從外太空的死神手裡奪回了三條生命的奇蹟，使這場事故成為航太史上最偉大的失敗任務。

　　那是 1970 年的春天，阿波羅 13 號飛船正在飛往月球弗拉·摩洛地區的旅程中。此次負責登月任務的 3 個太空人分別是：吉姆·洛威爾、傑克·斯威格特和弗萊德·海斯[*]。作為美國執行第三次登月任務的飛船，阿波羅 13 號從發射的一開始到前期運行都顯得非常順利。甚至在發射後的第 46 小時，地面控制人員還打趣地抱怨道：「飛船的狀況太好了，我們已經無聊到流淚了。」

　　9 小時後，3 名太空人還拿起簡陋的設備進行直播，興致勃勃地向地面上的人直播在太空中的生活。一切都顯得很順利，殊不知，這只是暴風雨來臨前的平靜。直播結束

吉姆·洛威爾、傑克·斯威格特和弗萊德·海斯

---

[*] 他們三人都曾是美國國家航空航天局的太空人，吉姆·洛威爾曾是首次環繞月球的阿波羅 8 號指令艙駕駛員。傑克·斯威格特曾是空軍戰鬥機飛行員。弗萊德·海斯也曾是美國海軍陸戰隊的戰鬥機飛行員。

後，為了獲得準確的氣壓讀數，太空人斯威格特按例開始攪動服務艙中的氧氣罐。

突然，從飛船的尾部傳來一陣巨大的爆炸聲。

地面控制人員突然一下子全慌了，全然不知飛船出了什麼事。過了好一會兒，他們才聽到斯威格特說了太空史上最著名的一句話：「休士頓，我們遇到了麻煩。」緊接著，飛船的各個系統開始出現異常，警示燈閃亮起來，電力系統逐漸失靈。3名太空人焦灼地嘗試著重新控制飛船。地面控制人員從慌亂中驚醒，重新歸位尋找爆炸的原因。這時洛威爾不經意間朝窗外一瞥，居然看到飛船尾部正迅速飄著一些氣狀物質。

幾秒之後，他才反應過來那是他們在太空中賴以生存的氧氣！

隨後，地面控制人員才發現「阿波羅13號」服務艙的2號液氧箱發生了爆炸。它摧毀了飛船裡的生命保障系統、導航和電力系統，而且還在飛船的外殼上炸開了一個洞！這次任務的主飛船叫「奧德賽」，登月艙叫「水瓶座」。其中，主飛船又由指令艙和服務艙組成。指令艙是太空人控制飛船飛行的地方。位於尾部的服務艙則能產生飛船變軌所需的動力，同時為指令艙提供電力和氧氣等供給。

隨著飄向太空裡的氧氣越來越多，地面控制人員清醒地意識到：「這回他們再也去不成月球了。」

況且即便是想辦法讓他們安全返回，也將成為一項不可能的任務。原來，飛船服務艙中的2號氧氣罐在毀壞自身的同時，也在摧毀著1號氧氣罐。氧氣的洩漏不但威脅著太空人的生存，同時它也帶來了許多危機，首當其衝的就是電力匱乏。

當時，阿波羅飛船裡供電主要來源是液氧與液氫在燃料電池中的反應。可想而知，當液氧供應不足時，燃料電池就無法繼續工作。在太空中缺電是非常可怕的事情，這讓飛船隨時面臨「關機」的威脅。與此同時，燃料電池內化學反應產生的水也恰恰是太空人飲水的來源，燃料電池停止工作後，飛船也將面臨缺水的窘境。

此時，目標無疑是讓他們儘快趕回地球。

可飛船正在飛往月球的軌道上，若是馬上返回地球的話，就必須讓服務艙中的發動機重新開機，才能改變飛船的軌道。然而，服務艙已經發生了爆炸，誰也不知道重啟發動機是否會帶來更大的災難。

爆炸發生已經 25 分鐘了，「阿波羅 13 號」指令艙內的氧氣只能再供應 15 分鐘了。此時，3 名太空人唯一生還的希望，就是逃進「水瓶座」登月艙。

原來登月艙在登陸月球的過程中要自主飛行，所以有獨立的供電、供氧設備，以及提供動力的發動機。儘管登月艙的外殼薄得幾乎一拳就能砸開，但它卻成了他們的救命稻草。

儘管並沒有啟動登月艙來逃生的先例，但為了先保住性命，地面控制人員果斷地讓太空人進入了登月艙。隨後，3 名太空人完全相信地面控制人員的指導，往登月艙的電腦中輸入複雜的數字。

這一刻，哪怕是一個數字出錯，他們都會在頃刻間死亡。

幸運的是，就在指令艙中的氧氣含量只剩 5 分鐘可用時，登月艙的功能終於被啟動。

但接下來，問題也接踵而至。由於當時飛船已經很接近月

球，受到的月球引力很強。此時如果他們迅速掉頭，不僅將耗光所有的燃料，還可能被月球的引力拉住，從而墜毀在月球表面。

於是一個「繞過月球逃生」的方案被提了出來。也就是說讓「阿波羅 13 號」飛船接著朝月球飛行，繞月球轉一個大圈。當繞過月球黑暗的另一面，再立即啟動登月艙發動機，將飛船投擲進返回軌道。這也是當時那種情況下最安全的方法。但缺電又缺水的難題再次出現，地面控制人員對此卻毫無辦法。

為了省電，太空人們不得不關閉一些非必需的設備，讓飛船直接進入了「超級省電模式」，甚至幾次直接切斷了通信。為了省水，他們也儘量避免喝水。這也給他們帶來了巨大的痛苦。2 小時後，飛船總算重新進入了原定軌道，消失在月球的另一面。

當「阿波羅 13 號」從月球的另一面重新露面時，地面控制人員再次陷入了一片沉默。因為就算再怎麼省，登月艙上的燃料也只夠啟動一次發動機。若是失敗，太空人將永遠不能返回地球。

他們冷靜地計算著各種參數，確保萬無一失。好在總算是一次便成功了，飛船以每小時 5400 英里的速度飛離月球，駛向地球的方向。

可沒多久，他們又遇上了另一個致命的危險。登月艙中的小型空氣篩檢程式早已無法處理 3 名太空人排出的大量二氧化碳氣體，他們隨時面臨中毒身亡的危險。

儘管指令艙中儲備了一些備用的二氧化碳篩檢程式，但因為型號不對，無法安裝到登月艙中。危難之際，地面人員想出的辦法也頗具創造性。他們指導太空人們用飛船上能夠找到的物資拼裝上了兩種不同形狀的過濾裝置，成功降低了登月艙內

的二氧化碳濃度。好不容易解決了這個難題，眼看動力又不夠了。3名太空人只得關閉了加熱器，讓艙內溫度降到攝氏4度左右的低溫狀態。

其中，海斯撐不住，開始發燒，可謂是吃盡了苦頭。太空人知道自己可能會死，他們甚至向地面控制中心留下了遺言：「我們所有人都感謝你們為我們所做的一切。」但地面控制人員可是抱著「一定要把他們接回家」的執念，即便是再大的障礙也要將它消滅。

終於，他們走到了這段艱苦返程的最後階段。

4月17日10時43分，3名太空人從「水瓶座」重新回到「奧德賽」，進行登月艙分離的操作。11時23分，登月艙「水瓶座」與飛船分離，掉入地球的大氣層燒毀。然後是載著3人的指令艙「奧德賽」進入大氣層了。

而這期間太空人的通信一般會中斷3分鐘左右。在這段短短的時間裡，地面控制人員都屏住呼吸，全場更是一片可怕的寂靜。每個人都在想爆炸中受損的「奧德賽」能否再次承受高溫，每個人都在牽掛著3名太空人的性命。在微弱的電流聲中，地面控制人員一遍又一遍地呼叫「奧德賽」。這極大地消耗著人們的耐心，也累積著所有人的恐懼。

終於，傳來發自「奧德賽」的聲音，一片掌聲和歡呼聲瞬間響徹控制中心，慶賀屬於他們的勝利時刻。3名太空人最終乘坐指令艙，降落在南太平洋中，被美國海軍的搜救艦隊打撈，平安返回了地球，總算是結束了這場有驚無險的太空歷險。可是造成事故的元凶究竟是什麼呢？

經過漫長的調查他們才發現其實造成這次事故的原因是

由許多細小的失誤逐漸累加形成的。比如說氧氣罐的墜落，沒有進行必要的氧氣罐內部檢查，液氧排空操作上的失誤以及災難性的高溫烘烤等。

其中，讓所有人大跌眼鏡的是，造成事故的 2 號氧氣罐居然還是個二手產品。它原本安裝在阿波羅 10 號[*]上，因為安裝過程中不慎被損壞而換下。這個氧氣罐被修復之後，又被安裝到了「阿波羅 13 號」飛船上。

發射前最後一次測試中，它的氧氣始終無法徹底排空。於是，控制人員就將氧貯箱中的加熱器電壓由 28 伏提高到 65 伏。但加熱器上的熱穩定開關沒有進行相應的修改，仍然維持電壓 28 伏的設置。在運作後，靠近加熱器的導線溫度一度達到了 1000 華氏度，導線的絕緣層被破壞。在太空中，這段導線也徹底短路，造成了爆炸。這一小小的失誤讓太空人與最大的登月夢想失之交臂。

但這些太空人能夠死裡逃生又是極大的幸運。而「阿波羅 13 號」最終能夠獲救，最大的原因可以說是地面控制人員和太空人進行了成百上千次的練習。它也為之後的載人航太計畫提供了啟示和借鑑，甚至比一次成功的登月更有意義和價值。

若不是所有工作人員都能對他們各自領域的專業知識熟悉，落實到每處細節中，並且在最危急的情況下保持鎮靜，又怎能夠化險為夷呢。對於任何事情來說，若是能用上「模擬，模擬，再模擬」以及「臨危不懼」的思維決策，那麼即便再嚴重的危機事件，也可以找出某種形式的應急方案來。

---

[*] 阿波羅 10 號（Apollo 10）是阿波羅計畫中第 4 次載人飛行任務。

第九章
不怕死的 12 人「試毒天團」

　　中國有句古話，「民以食為天」，因而在中國，食品問題是絕不能含糊的。只不過「吃」這個字背後也蘊含著巨大的市場，其中的利潤之大足以讓不法商人鋌而走險。曾經出現的蘇丹紅、三聚氰胺、地溝油、瘦肉精、鎘大米，都是鐵證。

　　我們憎惡不法商人賺黑心錢的同時，也希望國家加強對食品的監督力度。有些國家監督機構的監督力度較大，如美國的食品藥品監督管理局（FDA），措施比較嚴格，國內許多食品、藥品都會以「通過 FDA 檢驗」作為賣點宣傳。

　　但誰能想到，曾經的美國食品藥品監督，其實糟糕程度同樣令人髮指。我們可以從新聞記者辛克萊聳人聽聞的描寫中，窺見當年種種：

　　那時的車間會回收各種過期變質的食品，然後回爐再造。從歐洲退回的火腿，長滿了白色的黴菌，只要切碎後再填入新的火腿中又可以賣出不錯的價格；倉庫裡被遺忘的牛油，發現時已經變味，只需重新融化，加點硼砂、甘油便不會再有怪味；香腸車間裡貪吃的老鼠被毒麵包誘餌毒死，隨後工人將它們混著生肉鏟進絞肉機裡。

　　晚上下班用來洗手的水不僅可以讓滿是油污的雙手變乾淨，也是第二天調配配料必不可少的水源；生肉被鋪在地板

上，工人們在上面來回走動，沒人會介意他們隨地吐痰，即使是結核病人也沒有關係；一個工人不慎滑進正沸騰的煉豬油的大鍋裡，煉出的豬油依然可以大膽地送到客人的餐桌上。至於鍋底的這副骨架，誰會在意是誰的？

這些紀實描述或許讓你感覺噁心，其實這不過是美國食品行業「黑歷史」裡微不足道的一部分。FDA 將美國大眾從如此不堪的食品安全觀念中拯救出來，背後所隱藏的是一段血和淚的故事。

故事發生在美國所謂的鍍金時代，社會財富急劇增長，但假貨橫行卻是避無可避的事實。幸而在言論自由的保護之下，那一代的記者成了後世所說的「耙糞者」。他們挖掘急劇進步的社會表象背後的陰暗，將黑幕揭露。只可惜媒體人似乎逃不脫關注量和閱讀量的虛假盛況，即使許多媒體人良心尚存，卻也同樣刻意博取觀眾的眼球。

無數或真或假的新聞消息還是如同當頭棒喝，打醒了哈威·W. 威利——一位從普渡大學畢業的化學教授，被各式新聞消息所震撼，他發誓要用化學知識，揭露食品行業的不堪。

隨即，他去了當時化學研究界的「聖城」——德國，他在那裡掌握了分析食品成分的新技術。這次朝聖之旅結束後，他回到美國投入到揭露食品行業黑幕的工作中，同時也以此成名。

1883 年，競選大學校長失敗的威利迎來了人生全新的轉機，他得到擔任美國農業部化學物質司司長的機會。有了政府官員的背景之後，他的許多工作都開展得更加輕鬆，但也只是在他不涉及某些商人利益的前提下。

威利在農業部內成立了實驗室，檢查各種食品中的問題，

他從胡椒裡發現了木炭，從咖啡裡發現了其他植物的種子。他的食品檢查讓消費者感到心安，也讓企業家們心煩。只不過，威利也有自己的私心，他一直不調查新興的化學防腐劑的安全性，因為這些硼酸、苯甲酸、水楊酸和福馬林不少都是他的德國化學老師們的研究成果。他只是建議在產品標籤中標明化學防腐劑成分，由消費者自行決定購買與否。

威利這次偏袒行為卻無意中「踩了雷」。一種「防腐劑牛肉」吸引了所有記者的眼球，在媒體人巧妙的語言下，「防腐劑牛肉」成了全民抵制防腐劑的導火線。全國婦聯和全國消費者協會都參與了這場抵制，此時的威利機敏地做了一個符合身分的決定：他將用國會撥款的 5000 美元，建立一個實驗小組，為人民當試毒的「小白鼠」。

這個想法要是放在今天絕對是千夫所指，但在當時，這卻是一個足以引起公眾感情共鳴的好主意。當時醫學和化學遠不如現在發達，許多醫學家為了尋找疾病的根源，以身試毒並不罕見，試毒而死的人都成了令人尊重的殉道者。

威利在報紙上刊登廣告徵集參與實驗的人，他並沒有隱瞞實驗風險：雖然好吃好喝招待，但吃的麵包可能有木屑或明礬，番茄醬可能防腐劑超標，牛油可能有硼砂，總之，生死有命富貴在天，有膽你就來吧！因為獎金誘人，死亡也擋不住數十人報名，其中有的人甚至患有嚴重的胃病、腎炎，他們的自薦信可以簡單理解為：獨孤求敗，但求一死。

威利順利地招募了 12 位成員，並雇用了專業的廚師，吃飯的場地自然就定在他所就職的化學物質司的員工食堂了。這12 個人組成的小組被稱為「試毒天團」，12 人每天聚在一起

吃飯，然後將自己的排洩物交給負責檢驗的人，以便跟蹤記錄血壓、體重、心跳等資料。如此持續許多年，他們基本是用生命在戰鬥，每天不停地吃下含有各種化學物的食物，一開始吃的還是直接買來的食物，後來乾脆直接吃添加劑。

秉承著「勇者方得食」的團隊信念，他們吃下了氫氰酸、亞硝酸鹽、亞硫酸鹽、嗎啡做的「美食」，喝下苯酚、甲醇混合出的「美酒」。他們憑藉著啥都能吃的「特性」，自此站在了食物鏈的「頂端」。

試毒天團的英勇事蹟被《華盛頓郵報》的記者報導了出來，人們因而知道了這群人的存在。但這 12 人的名字都沒被洩露，僅有 1 人在實驗之後因胃病去世，他的家人向法院控訴威利的「惡行」時，名字方才被世人瞭解。

靠著這些人的親身試毒，威利收集了足夠多的資料證明防腐劑和添加劑對人體的傷害程度，並寫出了《純淨食品和藥品法》的草案。但威利與食品行業的各位大佬鬥爭也不是一天兩天，與其對抗的不僅僅是行業的利益，同時也摻雜了國家利益。憑他和他的化學物質司，根本無法改變什麼，從他與邪惡鬥爭的 25 年裡曾經歷的 190 次失敗便可稍稍瞭解。

幸運的是，威利得到了眾多食品加工商業協會的支持，他們認為由威利這樣的專家來監管，定能幫他們從自相矛盾的州法律和城市法律中找到平衡點。罐頭大亨亨利正是其中的一員，不過亨利轉而支持威利的法案更多還是因為：這法案所限制的多是利用化學品加工降低生產成本的小型加工商，這些小型企業利用低價衝擊市場，嚴重影響了這些大型企業的生存。

即使出發點不純潔，但威利離不開亨利的幫助，在亨利的

幫助下，威利才能得到整個罐頭行業的幫助，從而獲得更多話語權。但這其中也有一些「貓膩」，威利對番茄醬添加劑始終網開一面，因為番茄醬正是亨利的核心產品。

威利更為頻繁地曝光加工商的各種惡行，這些都加劇了民眾對食品的不信任，同時推動了法案立法。在促使國會通過法案的過程中，老羅斯福總統的支持也起到了重要作用。

讓老羅斯福真正理解食品安全重要性的卻是一件趣事，食品問題讓他吃過大虧。那時，他正領兵去古巴參加美西戰爭，他的士兵因為吃了有品質問題的罐裝食品，數千人瞬間失去了戰鬥力，甚至有上百人因此死亡。

在 1906 年，《屠場》一書在圖書市場的火爆引起了老羅斯福的注意。《屠場》由「耙糞者」辛克萊所著，文章開頭描寫的噁心景象正是該書中的段落。《屠場》的內容震驚了世界，甚至讓美國的肉品出口大幅下降，許多人將《屠場》寄往白宮，希望得到老羅斯福的關注。而日理萬機的老羅斯福選擇在一個早餐時間，抽空看看這本火爆的圖書。而當他看到那些令人作嘔的段落時，他徹底崩潰了，正在吃的火腿腸連同餐盤被一起丟出屋外。

他急忙召見了辛克萊，在和辛克萊的討論中，他決心調查肉類加工業。老羅斯福收到勞動部部長的調查報告時異常憤怒，他毫不猶豫地將其公之於世。這讓全美陷入食品恐慌。這件事輔以威利的努力，終於促成了《純淨食品和藥品法》法案的通過，1906 年 6 月 30 日這天也被載入史冊。

為了紀念為此辛苦 25 年終成正果的威利，這法案也被稱為「威利法案」（或稱「維萊法案」）。法案於翌年的 1 月 1

日正式啟用，但其實法案的作用並不明顯，因為法案對違規企業的罰款也不過是幾百美元，這和企業數百萬的收入相比，只能算是九牛一毛。

巨大的利潤面前，企業根本不會有什麼改變。這種明明已經成功卻依然是失敗的感覺，讓威利痛感自己半輩子的努力付諸東流。他的好夥伴亨利所代表的罐頭行業也多次要求重組農業部，提高威利的權利，但始終不予通過。

之前威利偏袒亨利的番茄醬防腐劑，也因為傷害到了其他行業巨頭而聚集了一大批反對者。與此同時，他在一次老羅斯福牽頭的會議上，與多位行業巨頭對峙時錯誤地將糖精說成最毒的毒物，這錯誤讓老羅斯福開始懷疑他專業觀點的準確性。老羅斯福安排了另一組「試毒小組」再次試毒多種被威利認定為「有毒物質」的化學品，最終結果顯示威利存在巨大的錯誤。

威利發覺自己大勢已去，他在政府工作已不能幫助他「將民眾從危險添加劑手中救回」。他主動從化學物質司辭職，又轉入《好管家》雜誌工作，在此期間，他依然和他的夥伴們努力改變著社會現狀。直至 1927 年化學物質司重組，這個威利曾經奮鬥過的地方才稍微有所改變。

而正好威利去世的那一年，重組後的化學物質司正式改名FDA。無良商人們還沒來得及慶祝威利的去世，更多的人因為威利的精神而投入到了食品安全的工作當中去，他們與國會持續爭執了 5 年。最終因為美國馬森基爾製藥公司的萬能磺胺致 107 人死亡事件的發生，洶湧的民意才成功逼迫國會提高了FDA 的監管實權。這時的 FDA 已經初具威勢，但真正讓 FDA

變得說一不二的卻是「反應停」事件。

反應停是一種能夠緩解妊娠嘔吐的新藥，贏得了世界各地的孕婦喜愛。但 FDA 的一個工作人員始終懷疑反應停的副作用嚴重，因此遲遲沒有批准其在美國正式上市。而隨後發生的事證明了 FDA 的正確性，全球因為服用反應停而生出了數萬海豹兒。所謂海豹兒是指新生兒上肢、下肢特別短小，甚至沒有臂部和腿部，手腳直接連在身體上，其形狀酷似「海豹」。而在 FDA 的嚴厲管制下，美國僅有 17 名孕婦產下了海豹兒，這讓所有人都真正意識到了 FDA 的價值。

1962 年，國會正式通過了《Kefauver-Harris 藥品修正案》，該法案賦予了 FDA 極大的權利。在民意與少數人利益的鬥爭之下，民意最終獲得了最大勝利。最終威利的所有努力也沒有被荒廢。

不只是美國為了食品安全歷經苦難，在華夏數千年歷史裡，也正是有著神農氏、李時珍嘗百草，才有著堪稱國粹的《神農本草經》、《本草綱目》。如今的我們雖已無須以身犯險，卻仍會時常擔心食品安全。

參考資料：

◎ 哈威·華盛頓·威利：《廚房裡的保護神》[J]. 現代商業 ,2011(19):70-73.
◎ 希爾茨 P J.《保護公眾健康：美國食品藥品百年監管歷程》[M]. 姚明威,
　　譯 . 北京：中國水利水電出版社 ,2006.

第十章
讓瘟疫現形的「細菌學之父」

瘟疫，是對於具有傳染力的疾病的通俗說法，「瘟，疫也。」在中國的史料中，很早就有關於「瘟疫」的記載。《黃帝內經》中就有「五疫之至，皆相染易，無問大小，病狀相似⋯⋯」的記載。東漢時期的《傷寒雜病論》也說過：「建安紀年（西元 196 年）以來，猶未十稔，其死亡者，三分有二，傷寒十居其七。」

2000 多年前的雅典，就差點被一場瘟疫毀掉。中世紀的歐洲，一場「黑死病」在一個月的時間裡帶走了 8000 多條鮮活的生命。1742 年的流行性感冒，席捲了 90% 的東歐人。

瘟疫，給人們造成了無法估量的損失。天花，險些讓印第安人滅絕，可謂史上最大的「種族屠殺」。霍亂、傷寒，戰爭時期流行，成了戰爭最可怕的幫凶。

長久以來，人們一直都不知道「瘟疫」到底是一種什麼東西。它看不見摸不著，卻能置人於死地，短短幾天便使一座城市變成空城，不知因何而起，更不知如何預防，剩下的，只有恐懼。

直到他的出現，他讓可怕的瘟疫現了形。他為人們揭開了瘟疫的神祕面紗。他告訴人們，瘟疫是可以被消滅的。

他就是德國著名的醫生和細菌學家，世界病原細菌學的奠

羅伯特·柯赫（1843—1910）

基人和開拓者。他首次證明了一種特定的微生物是特定疾病的病原。他發明了用固體培養基的細菌純培養法。他提出的科赫氏法則至今仍被用於疾病病原體確定的依據。他是羅伯特·科赫（Robert Koch），細菌學之父，1905 年諾貝爾生理學或醫學獎的獲得者。

　　1843 年，科赫出生在德國一座名叫克勞斯塔爾的小城市裡。他的父親是一位礦工，和大山打交道。幼年的科赫就體現出了一位開拓者的遠大志向。當他的兄弟姐妹們還不諳世事時，他卻一個人蹲在池塘邊聚精會神地看一隻小紙船，指著小船對母親說，他要當一名水手，到大海去遠航！科赫並不是說說而已，他 5 歲就已經是鄰里街坊口中的「別人家的孩子」。他的父親工作很忙，母親則忙於照顧自己的 13 個孩子。於是，他只能自己借助報紙學會讀書，聰明而有毅力。

　　在科赫 7 歲那年，家鄉的一位牧師因病去世。在牧師的追悼會上，科赫不解地問母親：「牧師得了什麼病？這種病難道就治不好嗎？」看著啞口無言的母親，科赫也沉默了。

　　高中畢業後，科赫考入了哥廷根大學，師從弗里德里希學醫。4 年後，他拿到了哥廷根大學的醫學博士學位，成績優異

的他還被評為了「優秀畢業生」。

科赫畢業那年，普法戰爭的戰火已經隱隱開始燃燒，隨後他進入軍隊，成了一名軍醫。戰爭結束後，他去了波蘭，在當地的一個小鎮當醫官。

1870年，科赫婚後到東普魯士的一個小鄉村當外科醫生。醫生是個救死扶傷受人尊敬的職業，可讓科赫無法忍受的是，當他的患者被傳染病折磨甚至生命被吞噬的時候，他卻無能為力。

沒有人知道傳染病的病因，更談不上有效的治療。科赫經常只能對患者和家屬說幾句安慰的話，因為他自己也不明白傳染病究竟因何而起，他也沒有有效的治療方法。科赫沒有坐以待斃，他不願意再眼睜睜看著自己的患者一步步走向死亡。

在那個叫沃爾施泰因的小村子裡，科赫建立了一個簡陋的實驗室。就是在這個小小的不起眼的實驗室中，科赫開始了自己關於病原微生物的研究。科赫的實驗室裡沒有什麼大型的科研設備，小鄉村中也沒有收藏著大量文獻的圖書館。他甚至也難以和其他同樣研究微生物的學者進行溝通討論，他唯一擁有的「大型」研究工具，是他的妻子送給他的顯微鏡。

在簡陋的實驗室裡，單槍匹馬的科赫沉浸在自己的研究中，只要有時間，他就將自己關在實驗室中，人們不明白科赫到底在幹什麼，甚至有人說他得了精神病。

1863年，法國微生物學家凱西米爾‧達韋納發表了一篇論文。論文中，凱西米爾提到了炭疽病可以在牛與牛之間直接傳染。科赫在看到這篇論文後，更加仔細地研究了這個疾病。

炭疽是由炭疽桿菌所致，一種人畜共患的急性傳染病。人

因接觸病畜及食用病畜的肉類而發生感染。臨床上主要表現為皮膚壞死、潰瘍、焦痂和周圍組織廣泛水腫及毒血症症狀，皮下及漿膜下結締組織出血性浸潤；血液凝固不良，呈煤焦油樣，偶可引致肺、腸和腦膜的急性感染，並可併發敗血症。

為了研究炭疽病的起因，他整夜整夜地在實驗室裡待著，甚至幾個星期都不邁出實驗室一步，像著了魔似的廢寢忘食。他的妻子終於忍受不了他對自己事業的執著，離開了他。為了證明炭疽菌就是炭疽病的罪魁禍首，科赫從死於炭疽病的動物的脾臟中提取出了組織液，再將組織液接種到正常健康的小鼠身上，被接種後的小鼠很快就感染上了炭疽病。

然而，科赫對這樣的實驗結果並不是十分滿意。

他想瞭解從未接觸動物的炭疽菌是否能引起炭疽病。因此，他提取了患了炭疽病的牛眼中的液體進行培養。科赫發現，當環境不利的時候，這些細菌會在自身內部產生圓形孢子（芽孢），芽孢能抵禦不良的環境，尤其是缺氧環境，而當周圍環境恢復正常時，芽孢又成了細菌。

科赫在純培養條件下繁殖了數代炭疽菌，當他將這繁殖了很多代後的炭疽菌接種到小鼠身上的時候，小鼠仍然感染了炭疽病。

1876 年，科赫公開了他的發現。他去了弗羅茨瓦夫，進行了 3 天的公開表演實驗。他證明了炭疽桿菌是炭疽病的病因，首次提出了炭疽桿菌的生活史，即桿菌—芽孢—桿菌的迴圈，而能在土壤中長期生存的芽孢，就是造成炭疽大流行的罪魁禍首。

同時，他還提出了他對病原微生物的觀點，他認為每種疾

病都有特定的病原菌，而不是像人們之前所認為的，所有細菌都是一個種。科赫的報告引起了微生物學界的震動，這是人們第一次證明一種特定的細菌是引起一種特定傳染病的病因，科赫的報告開啟了科學家們關於病原微生物研究的時代。

發現炭疽桿菌並不是科赫事業的終結，只是他輝煌事業的開端。1880 年，科赫應邀赴柏林工作，出任德國衛生署研究員。在這裡，他終於有了良好的實驗設備和研究助手，他創造了至今還在普遍使用的經典細菌培養法——懸滴法，他用不同的染液給細菌染色，給顯微鏡加上了照相機，顯微攝影術的出現讓人們可以透過照片清楚地看到顯微鏡下的世界，終結了僅憑肉眼觀察、文字描述或手繪圖案定義細菌而引發的爭議與混亂。

然而，一個至關重要的問題始終沒有得到解決，人們仍然不知道，應該如何從許多混雜在一起的細菌中分離出純種的細菌。細菌是會活動的生物，當它們在培養液中游走的時候，是幾乎不可能分離出純種細菌的。想明白了這點的科赫知道，只有用固體培養基才能得到純種細菌。他將瓊脂加到了傳統的肉湯培養基中，首創了肉湯瓊脂固體培養基。到今天，這仍然是細菌分離的重要工具。

科赫做了關於純種細菌培養的報告和示範，當時的微生物學權威巴斯德評價道，「這是一項偉大的進展」。

19 世紀，肺結核被稱為「白色瘟疫」，在當時的死因中占據前列，可人們無論是對死者進行病理解剖還是動物實驗，都沒辦法找到致病菌。傳統的方法在肺結核面前失去了效果，人們束手無策，只能坐以待斃。

當時有很多科學家為尋找肺結核的致病菌絞盡腦汁，科赫

自然也不例外。科赫意識到，特殊的感染一定是由特殊的微生物引起的，只有找到那個微生物，將其分離培養出來，才有進一步研究的可能性。

於是，科赫用各種染料給病灶組織染色，結晶紫、美藍、伊紅、剛果紅……常用的染料科赫都試了個遍，卻仍然一無所獲。雖然有些失落，但是科赫沒有放棄尋找合適的染料。

終於，在亞甲基藍染色後的組織中，他發現了一種從未見過的細菌。

為了驗證自己的實驗結果，他在柏林的各個醫院中尋找因結核病致死的患者遺體，拿到了大量病灶組織的他繼續著自己的實驗。他將結核組織注射到各種動物體內並進行染色觀察。結果讓他十分興奮，所有患上結核病的動物體內都能看到那種細菌。而健康的動物體內，完全找不到那種細菌的蹤影。

向來嚴謹的科赫並沒有直接宣布自己發現了結核病的致病菌。在實驗中，他給動物注射的是病灶組織提取液，不是純淨的細菌。僅憑病灶組織提取液並不能證明已經發現了結核病的致病菌。他決定將那種細菌分離出來。

科赫將病灶組織提取液接種到了肉湯瓊脂固體培養基上，小心地分離出了那種他之前沒有見過的細菌，培養成純淨的菌種再注射給動物。細菌在被注射入動物體內後，成功地讓實驗動物感染上了結核病。科赫給這種細菌起了個名字——結核桿菌。

1882 年 3 月 24 日，德國柏林生理學會召開。當科赫將自己的研究成果公布出來的時候，全場寂靜無聲，沒有人提出質疑，連那位一直看科赫不順眼的歐洲醫學泰斗、細胞病理學創

始人菲爾紹也終於不再反對科赫的觀點。沉寂了十多秒的會場突然爆發出了雷鳴般的掌聲，一些科學家甚至忍不住站起來歡呼。害死了千千萬萬人的「白色瘟疫」的元凶終於被找到了。從此，肺結核不再是絕症，這怎能不讓人興奮呢？整個世界在那個報告後都沸騰了，科赫也成了與路易士‧巴斯德齊名的微生物學家。

從 1885 年起，科赫就一直在柏林大學擔任衛生學教授，成了老師的科赫帶出了一大批優秀的學生。日本著名的微生物學家北里柴三郎就是他的學生。他的門生陸續發現了白喉、傷寒、肺炎、淋病、腦炎、麻風病、破傷風、梅毒等一系列的病原體。

科赫退休後，就開始環遊世界。哪裡有傳染病流行，哪裡就有科赫的身影，他發現了霍亂弧菌，提出了控制瘧疾的新方法——消滅攜帶致病菌的昆蟲。

他提出了著名的科赫法則，用於建立疾病與微生物之間的因果關係。到今天，這個法則仍然是確定病原體的重要參考依據。2003 年流行的 SARS，正是通過這個法則確定了病原體。

科赫法則主要分為四個步驟：

1. 在病株罹病部位經常可以發現可能的病原體，但不能在健康個體中找到；
2. 病原菌可被分離並在培養基中進行培養，並記錄各項特徵；
3. 純粹培養的病原菌應該接種至與病株相同品種的健康植株，並產生與病株相同的病徵；
4. 從接種的病株上以相同的分離方法應能再分離出病

原，且其特徵與由原病株分離者應完全相同。

1905 年，科赫收到了來自斯德哥爾摩的電話。為了表彰他在結核病領域的重要貢獻，他拿到了當年的諾貝爾生理學或醫學獎，他還被授予了德國的皇冠勳章、紅鷹大十字勳章（醫學界第一位獲此殊榮者）。他是英國皇家學會會員，法國科學院院士，柏林、克勞斯塔爾授予他榮譽市民稱號，海德堡大學、博洛尼亞大學授予他榮譽博士學位。

晚年的科赫因為心臟病住進了巴登巴登溫泉療養院。在療養期間，他仍然念念不忘他的細菌學研究。逝世前的 3 天，他還在普魯士科學院進行了一場關於結核桿菌的講座。1910 年 5 月 27 日，科赫在療養院離開了人世，終年 67 歲。

為了紀念他對全世界醫療研究領域開創性的貢獻，德國政府設立了羅伯特・科赫獎。這個獎項，是德國醫學領域的最高獎項。

1843　11·DEZEMBER　1943
ROBERT KOCH
12 + 38
GROSSDEUTSCHES REICH
L.R. VOGENAUER　J.PIWCZYK

科赫誕辰百年紀念郵票

第一次發明了細菌照相法，第一次發明了蒸汽殺菌法，第一次提出了霍亂預防法，第一次發現了鼠蚤傳播鼠疫的祕密，第一次發現了炭疽桿菌、傷寒桿菌、結核桿菌……科赫用他的一生為人類的健康保駕護航。

光有知識是不夠

的，還應當運用。光有願望是不夠的，還應當行動。

參考資料：

◎ 謝德秋 .《結核桿菌發現者羅伯特・科赫——紀念結核桿菌發現 100 周
　年》[J]. 自然雜誌 ,1982(9):697-703+720.

◎ 張澤 , 胡嘉華 , 陳佳琳 , 王瑛琪 .《AME 諾貝爾故事》06|《病原細菌學
　奠基人科赫》[J]. 臨床與病理雜誌 ,2015,35(8):1478-1480.

第十一章
毒氣彈始作俑者的悲慘一生

　　獲得諾貝爾獎的科學家，基本上都對人類做出了巨大貢獻，但是其中有一個獲獎者不一樣，有人說他是人間的惡魔，給人類帶來無盡的痛苦，為歷史書寫了不光彩的一頁。因為他發明的毒氣彈帶走了無數條鮮活的生命。

　　1918 年 12 月，瑞典皇家科學院將諾貝爾化學獎授予弗里茨·哈伯——一個剛被列入戰犯名單的德國人。這個消息在科學界掀起了軒然大波，當時很多科學家甚至不願意跟他站在同一個領獎台上。為什麼瑞典皇家科學院會將諾貝爾化學獎頒發給一個被釘在恥辱柱上的男人呢？

　　1868 年弗里茨·哈伯出生於西里西亞的布雷斯勞（現為波蘭弗羅茨瓦夫）的一個猶太染料商人家。德國當時的化工工業是全世界最先進的國家之一，生於染料商家，耳濡目染，哈伯從小就表現出對化學的極大興趣。

年輕時期的哈伯（1891）

天資聰穎的他在中學畢業後在卡爾斯魯厄理工學院攻讀有機化學，曾先後到過柏林、海德堡和蘇黎世求學。大學畢業後發布的化學論文因見解獨到和觀點新穎，曾經一度轟動化學界。由於他的出色表現，年僅 19 歲的哈伯被德國皇家工業大學授予博士學位。

在合成氨發明之前，農業需要從動物糞便、秸稈、豆餅這些天然物質中獲取利用氮元素，為了爭奪這些寶貴的資源還爆發過不少「鳥屎戰爭」。1864 年，西班牙對智利和秘魯發動了戰爭，為的只是爭奪一些蘊藏大量鳥糞的山洞。15 年之後，智利和秘魯又為山洞裡的這些鳥糞打了一仗，最後智利獲得了勝利，靠著鳥糞帶來了幾倍的經濟增長。19 世紀末，隨著人口的快速增長，糧食需求也不斷增加，僅靠農家肥是不可能滿足人類對糧食的產量需求的，再加上工業發展與軍事需求，人工固氮成了 19 世紀急需解決的難題。

即使經過無數科學家 150 年的不懈努力，這個難題始終沒有解決。法國化學家勒夏特列試圖用氮氣和氫氣混合進行高壓合成氨的實驗，但是由於氮氫混合氣中混進了氧氣，造成了實驗爆炸。可能覺得這個方法不可行又或者覺得太危險，勒夏特列放棄了這個試驗。

但是哈伯在聽了這個消息之後，卻毅然走上了合成氨這條路。終於在 1909 年 7 月 2 日，哈伯在實驗室採用高溫高壓和用金屬鋨作催化劑的條件下，合成氨成功，平衡後都為 6%~8%。即使氨的濃度還很低，遠沒有達到工業的要求，但毫無疑問這是一個具有質的飛躍的突破。

確定自己的方法奏效之後，哈伯便開始了不斷改進試驗的

過程。在使用 2500 種不同催化劑進行了上萬次試驗之後，他終於研製出廉價易得的高效鐵催化劑。同時為解決從這個化學平衡過程中不斷分離出氨，還設計出了原料氣的迴圈工藝，這就是課本中合成氨的哈伯法。原料氣迴圈原理：在熾熱的焦炭上方吹入水蒸氣，可以獲得幾乎相等體積的一氧化碳和氫氣的混合氣體。其中的一氧化碳在催化劑的作用下，進一步與水蒸氣反應，得到二氧化碳和氫氣。然後將混合氣體在一定壓力下溶於水，二氧化碳被吸收，就製得了較純淨的氫氣。同樣將水蒸氣與適量的空氣混合通過紅熱的炭，空氣中的氧和碳便生成一氧化碳和二氧化碳而被吸收除掉，從而得到所需要的氮氣。

隨著合成氨的研究成功，1912 年德國巴登公司正式建造了世界上第一座合成氨工廠，從此合成氨走上了工業批量生產路線。氨的量產成功把人們從被動狀態變為主動，使人類擺脫只能依靠天然氮肥的局面，解決了世界糧食危機。如果沒有這項技術，全世界糧食產量至少會減半。哈伯的發明使一半的人類從饑餓中解救出來，人們稱他為「用空氣製造麵包的人」。基於對科學和人類的貢獻，哈伯獲得諾貝爾獎稱得上實至名歸。但是在那個特殊的年代，他也難以逃出時代的捉弄。在 19 世紀，因為化肥和炸藥的大量需求，硝石成了一種非常緊缺而重要的戰略物資。但是硝石的產地主要集中在智利，當時德國的硝石基本只能從國外進口。但現在哈伯已經完成了人工固氮這一難題，化肥和炸藥的問題也迎刃而解。

因為合成氨，哈伯的事業蒸蒸日上，同時深受德國統治者威廉二世的青睞並被委以重任。1911 年他成為威廉皇家物理化學和電化學研究所所長兼柏林大學教授。

3 年後，因為具備擺脫了對天然硝石的依賴和有了充足的糧食這樣的客觀條件，威廉二世有恃無恐地發動了第一次世界大戰。

　　一戰後有的軍事家指出，在一戰期間，英國海軍曾想切斷德國所有硝石進口路線。設想如果德國沒有了硝石的來源，德軍將會在 1916 年因炸藥耗盡而投降。但令人意想不到的是，德軍依靠哈伯的方法，軍火從來沒有斷過，使戰爭多持續了兩年。

　　哈伯當時也被民族沙文主義的激進和盲目的「愛國熱情」沖昏了頭腦。他把自己的研究所變成了為戰爭服務的軍事機構，不僅為農業生產提供所需的肥料，也為戰爭提供軍用物資。

　　為了尋求一種更有效率的殺敵方法，哈伯提出了一個大膽的設想：在戰場上使用化學毒氣來殲滅敵軍，於是他順理成章地成了毒氣戰的科學負責人。

　　經過 3 個多月的研究，這種化學毒氣終於成功面世，1915 年 4 月 21 日德軍將裝滿液氯的鋼瓶調往西線，22 日哈伯親自來到伊普雷前線對這第一場的毒氣戰進行指導。德軍借助風向和風速對法軍陣營進行了毒氣突擊。

　　空氣中有十萬分之三的氯氣便能讓人咳嗽不止，千分之一的氯氣即可使人喪命。當士兵們將鋼瓶打開，液氯便化為濃郁的黃綠色氣體，向敵方陣營飄去，剎那間，法軍營地便被毒氣浸沒。法軍對此毫無辦法，有 5000 多人當場死亡，1.5 萬多人中毒。

　　當時哈伯還興致勃勃地乘著飛機在伊普雷上空觀察毒氣

的殺傷效果，看到一個個
士兵痛苦地捂著喉嚨在地
面掙扎，哈伯還大聲叫好。

　　一位作家在採訪目擊
者後描述了當時的可怕場
面：

　　「高達 30 公尺的黃綠
色氣體在東風的吹拂下緩
緩向前推進。這種致命的
氣體灼傷了協約國士兵的
眼睛和肺，讓他們嘔吐並
在痛苦中倒地。數以百計
的人在口吐鮮血和綠色泡

哈伯在戰場指導

沫後死去。士兵們的銀質徽章和皮帶扣也變成黑綠色。」

　　這一次戰鬥的成功，讓哈伯受到了威廉二世的嘉獎，同時
各國也開始爭相研發化學武器，一發而不可收拾，《海牙第一
公約》徹底失效。這次戰爭掀開了近代化學戰的序幕，而哈伯
則成了化學武器的鼻祖，全人類譴責的惡魔。儘管受到了各國
科學家的強烈譴責，但他還是繼續為德軍效力，同年又研製出
了新的化學武器光氣。光氣的毒性為氯氣的 18 倍，並且很難
被察覺到，可謂殺人於無形。

　　哈伯的妻子克拉克是第一個獲得布雷斯勞大學化學博士
學位的女性，同時也是一位和平主義者。曾經一直支援自己丈
夫事業的克拉克，面對如此殘暴的化學武器是極力制止的。但
是哈伯已經被自己的「愛國主義」沖昏了頭腦，開始研究毒氣

芥子氣。

　　芥子氣被稱為「毒氣之王」，這種毒氣的致死率占毒劑總傷亡人數的 80％以上。芥子氣是糜爛性毒劑，它能直接損傷組織細胞，引起局部炎症，可以使皮膚紅腫、起皰、潰爛，吸收後能導致全身中毒，正常氣候條件下，僅 0.2 毫克／升的濃度就可使人受到毒害。

　　哈伯當時還揚言說，化學武器是使戰爭結束最快速最人道的武器。克拉克看著此時如惡魔般的丈夫，感到非常陌生，於是絕望地拿起了丈夫的軍用手槍，結束了自己的生命。

　　妻子的自殺也沒有使這位狂熱的愛國者冷靜下來，反而更加堅信自己的一切全是為了人類的和平和祖國的勝利。據統計，在第一次世界大戰期間，有 130 萬人因化學武器而受傷，其中 9 萬人死亡，即使是戰後倖存者，也有 60％ 的人員傷殘。

　　上帝總是公平的，邪惡的一方總是要被擊敗的。因哈伯而發動的毒氣戰並沒有使德國贏得勝利，1918 年第一次世界大戰以德國戰敗結束。同年 12 月，瑞典皇家科學院卻為哈伯在合成氨發明上的傑出貢獻，決定授予他諾貝爾化學獎。因哈伯而開始的化學戰給人類帶來的痛苦是不可估量的，很多人對此次諾貝爾獎提出了強烈的抗議。人們覺得哈伯沒有資格獲得諾貝爾獎，這是科學界的恥辱。但也有一部分人認為哈伯只是被帝國主義利用，受制於政治，別無他法。

　　對此哈伯也曾辯解，他說了一句頗具爭議的話：

　　「在和平年代，一個科學家是屬於全世界的，但是在戰爭時期，他卻屬於他的祖國。」

　　一戰結束後，就算受到了如此大的非議他仍不知悔改。為

了幫助祖國儘快還清戰爭賠款和債務,他開始研究從海水裡提取黃金的方法。但是由於黃金在海水裡面含量實在太低,哈伯只能空手而回。即使哈伯對自己的祖國如此忠心,德國還是無情地背叛了他。

1933 年希特勒上台,哈伯雖然是偉大的科學家,但是身為猶太人的他和其他猶太人一樣遭到殘酷的驅逐,終於被改名為「猶太人哈伯」。因為受到納粹的迫害,哈伯與其他包括愛因斯坦在內的科學家不得不遠離故鄉。哈伯最終流亡英國,並在劍橋的一個實驗室工作。

晚年的哈伯面對德國法西斯的種種暴行才開始覺悟,最終也成了反法西斯戰爭的一分子。1933 年 4 月 30 日,他發表了一份關於反對種族政策的聲明,次年便在瑞上因心臟病發作逝世,終年 66 歲。

最為諷刺的是,他精心研製出來的毒氣後來被應用到納粹猶太人集中營中,包括他親人和朋友在內的數百萬猶太人被毒氣毒死。這,也許就是所謂的報應?但他的家人又做錯了什麼呢?

第十二章
改變歷史的瘟疫

　　疾病最可怕之處在於它總是突如其來。2002 年 11 月在廣東佛山發現的首例「SARS」患者即是如此。來得突然，傳染迅速。到 2003 年，據世界衛生組織統計，「SARS」導致的死亡人數為 919 人。恐懼的情緒甚至讓人們變得疑神疑鬼。然而，在歷史長河中，「SARS」不過是滄海一粟。與曾經肆虐歐亞大陸的黑死病比起來，實在是小巫見大巫了。

　　黑死病曾一度讓全人類感到恐懼，每一次大爆發都會帶走數以千萬計的生命。它總是不留餘地地屠殺，曾血洗歐洲，給歐洲文明一記重創。黑死病在當時難以預防，難以治療，感染上的人幾乎都活不過一週的時間。同時黑死病傳播迅速，只要人在流動，它就會跟著流動，最多的一次，它覆蓋了 4 個大洲，受害者達到 2 億人！

　　有些學者認為，如此可怕的黑死病，在中世紀的爆發也改變了當時歐洲的格局。教廷的威嚴在黑死病面前已大大減弱，人民開始明白要及時行樂，更多的娛樂方式在民間流傳開來。人民的思想也因此得到解放，更多的文藝復興先驅者站了出來。如著名的義大利先驅者薄丘伽就在黑死病爆發時期，以黑死病為背景寫下了經典的《十日談》[＊]。

　　更重要的是，中世紀的醫學一度被神學牽制不得進步。而

黑死病的出現，讓人們開始探索如何用科學的方法拯救自己。

黑死病似乎始終蒙著神祕面紗，一般認為黑死病與鼠疫的關聯較大。患病的人皮膚會出現血斑或臉部腫脹，若得不到應有的治療，全身皮膚常呈黑紫色，最終死去，因而被稱為黑死病。

瘟疫爆發的重要因素是衛生條件差。以鼠疫假說為例，跳蚤或蝨子通過叮咬將老鼠身上的鼠疫桿菌傳染給人類，進而引起的烈性傳染病。但其實齧齒類動物對鼠疫桿菌大多有著免疫力，而傳播疾病的跳蚤卻會死於鼠疫本身，是徹頭徹尾的死亡傳遞。

黑死病是歷史上影響力較大的一種傳染病，中國歷史上也多次爆發過黑死病瘟疫。黑死病在歷史上有三次大規模爆發：第一次大爆發被稱作「查士丁尼瘟疫」，第二次是重創歐洲經濟的「中世紀大瘟疫」，以及標誌著黑死病逐漸消亡的「第三次鼠疫大流行」。黑死病逐步膨脹，每一次爆發都更具殺傷力，最後卻又消弭於無形。許多學者認為是醫學的進步和環境的改善消滅了黑死病，這一切要歸功於人們的努力。

這要從 6 世紀的「查士丁尼瘟疫」** 說起。因其爆發適逢拜占庭皇帝查士丁尼在位，故此次瘟疫被後人稱為「查士丁尼瘟疫」。在 6 世紀的地中海世界，雄踞東部的拜占庭帝國興盛

---

* 《十日談》是歐洲文學史上第一部現實主義巨著。講述 1348 年，義大利佛羅倫斯瘟疫流行，10 名男女在鄉村一所別墅裡避難。他們終日遊玩歡宴，每人每天講一個故事，共住了 10 天講了一百個故事。

** 查士丁尼瘟疫是指西元 541 到 542 年地中海世界爆發的第一次大規模鼠疫，它造成的損失極為嚴重。

達到巔峰。即將重現羅馬帝國輝煌的時候，一場空前規模的瘟疫卻不期而至，使拜占庭帝國的中興之夢化為泡影。當時，人們還在街頭巷尾討論即將爆發的戰事，突然身體搖晃，一聲不吭地倒在地上，所有人都以為是上天降下的災禍。這是黑死病第一次被人們牢牢記住。疫情並沒有維持太久，在一年之後便逐漸消失。黑死病的下一次大爆發是在 14 世紀的歐洲。

14 世紀的「中世紀大瘟疫」的爆發也標誌著人類與黑死病長達 600 年的拉鋸戰拉開了序幕。這場大瘟疫被認為是由歷史上一次「細菌戰」引起的。1346 年，西征的蒙古軍隊包圍了黑海港口城市克法，最終因為軍隊圍城生活條件惡劣而失敗。不少士兵染上了黑死病，圍城軍隊不敗而潰。撤退無望的軍隊將病死者的屍體用投石機投入城內，原本興旺的海濱城市在幾日內便成了一座死城。

疾病隨著倖存者，從海路、陸路來到了歐洲。之後的短短 5 年時間裡，黑死病席捲整個歐洲，消滅了超過 1/3 的歐洲人口。義大利和英國死亡人數甚至接近總人口的一半。黑死病成為歐洲中世紀死神的象徵，讓歐洲人的平均壽命從原有的 40 歲驟減到 20 歲。為了消滅這四處遊蕩的死神，人們開始了漫長的自救之路……

在中世紀的歐洲，教廷領導下的醫學發展呈現不健康的狀態：神學和醫學不分家，科學的界線十分模糊。攻讀神學的教士突然發現放血能讓人頭腦清醒，一身輕鬆。上流圈子居然煞有其事流行起「放血風」。感冒靠放血，痛風靠放血，心情不好也要放血，放血幾乎成了一種超乎醫療的活動。

社會上流人士都開始流行放血了，普通老百姓自然也開

始跟風。最初，放血的手術都由教士實施，直到教皇頒布敕令——禁止教士給人放血。教士不能給人放血，於是放血的重任一下子落到了拿剃刀的理髮師身上。理髮店門口的紅藍白條紋標誌代表放血的服務：紅色是動脈，藍色是靜脈，白色是止血用的繃帶。

可是中世紀的歐洲人不僅不懂得麻醉，也沒有殺菌消毒的手段，放血治病不成，反倒成了黑死病的助力。人們又開始尋找新的怪異方法：吃發黴的糖蜜、用小便洗澡、大便敷膿包，幾乎都是危險的行為。在嘗試無果的情況下，人們感到萬分絕望，唯有祈禱，向神哀求。世界末日的慘像在歐洲大陸各處上演，這種慘劇一直到黑死病入侵俄羅斯之後，才開始慢慢停止了。黑死病突然就自行離開了，留給歐洲人難以修復的瘡痍。

但黑死病並沒有完全消失，它偶爾還會出現在人們的視野裡，讓人類不能忘記被黑死病折磨的恐懼。身處恐懼之中，作為救死扶傷的醫生顯得特別左右為難。其實在這樣的疾病面前所有醫生都是束手無策的。但醫生的天職卻不容許他們後退，可笑的是，勇敢留下的醫生卻會被認為是為了金錢。由於始終無法瞭解黑死病的本質，醫生們也難免想出一些奇怪的辦法保護自己。

艱苦度過了「中世紀大瘟疫」的醫生們開始總結經驗。在疫情相對緩和的 16 世紀，一名叫 Charles de Lorme 的法國醫生發明了鳥嘴面具。當時民間普遍認為，瘟疫是形似鳥的惡靈纏身，只有形象更為凶惡的鳥嘴面具才能驅趕它們。自此醫生的形象變得詭異起來。為了杜絕感染，身上穿著泡過蠟的衣服，頭戴黑帽、帶著鳥嘴面具，面具的頂端塞著香料，手上帶著白

手套、拿著木棍成了醫生的標配。但醫學技術和防範意識不足終究是硬傷，醫生能夠保護自己卻依然救不回病人。久而久之，「鳥嘴醫生」也成了死亡的代名詞。

這種只能自保不能救人的治療，終於在 19 世紀第三次「瘟疫大流行」的時候得以改變。1855 年開始的瘟疫大流行是歷史上傳播速度最快、範圍最廣的一次。從中國的雲南省開始，蔓延到了印度，傳到了美國舊金山，也波及了歐洲和非洲。僅僅 10 年，傳到 77 個港口 60 多個國家，全球死亡人數超千萬。

幸運的是 19 世紀的微生物學領域已經有了足夠力量發現真相。瘟疫在中國華南爆發的那年 6 月 15 日，亞歷山大·耶爾森抵達香港。起初耶爾森不被允許進入停屍房，透過賄賂處理屍體的英國水手，才得以在停屍房逗留幾分鐘。而就是這幾分鐘，耶爾森用無菌針在死去的水手身體的腫塊上提取了一些液體。回去之後，他在顯微鏡底下觀察到一種呈陰性的桿狀菌。隨後他將桿狀菌接種到了健康的豚鼠身上，幾天後，接種病菌的豚鼠都死了，並在屍體上檢測到一樣的菌落。最後他斷言，「毫無疑問這就是導致瘟疫的微生物！」自此，這種致病菌便以耶爾森的名字命名——耶爾森氏菌。

發現了耶爾森氏菌後不久，耶爾森在一次救助工作中，與法國軍醫路易·西蒙德又發現了這種瘟疫能在老鼠與人之間傳播。很快，在 1896 年黑死病波及印度的時候，俄國科學家哈夫克伊納經過一年的努力，用桿狀菌製作出了第一個疫苗。瘟疫的疫苗很快開始投入使用，拯救了成千上萬的患者，只有 19 人因為疫苗受污染而醫治無效病死。雖然有了疫苗，但是如何控制黑死病的傳播還是一個難題。

1910 年，華僑伍連德在出任東三省防疫「全權總醫官」的時候，發現了黑死病同樣會在人與人之間傳染，透過有效的隔離和高效處理傳染源，黑死病的蔓延被成功抑制。自此一役之後，人類為對抗黑死病所做的無數努力總算取得較好的效果。

　　直至今天，還有很多人將精力投入到對黑死病的研究裡。雖然主流觀點認為曾經三次爆發的黑死病元凶就是鼠疫桿菌，但還是有不少學者持有不同的觀點。即便是現在我們都還沒有完全揭開黑死病的面紗。

　　歷經滄桑，橫掃歐亞大陸 600 年之久的黑死病逐漸消散。但就像遊戲《輻射》中的那句話：戰爭從未改變。人類與病菌的對抗永遠不會停歇。

參考資料：

◎ 張欣蕊 .《十四世紀西歐瘟疫歷史研究綜述》[J]. 黑龍江史志 ,2015(1):74-75.

天才的大腦，
美麗的心靈

第一章
只有20秒記憶的「職業病人」

　　有那麼一個傳說，魚的記憶只有7秒鐘，7秒之後，魚不會再記得曾經的事情，所以在那一方小小的魚缸裡，它們永遠不會覺得無聊。不過，這個根本沒有任何科學依據的傳說早就已經被闢謠了無數次。

　　記憶，真的是一種很玄妙的東西。科學的說法是，記憶，是神經系統儲存過往經驗的能力。可千百年來，人們卻始終不知道記憶這種東西究竟是什麼樣的，它受到什麼影響？它究竟儲存在大腦的哪裡？沒有人知道答案。

　　於是，數不清的腦科學專家前仆後繼，探索記憶的祕密。然而，在記憶與大腦的研究歷史裡，最出名的人恐怕不是哪個醫生或者科學家，而是一位患者，一位從27歲開始，就以病人作為唯一職業的患者。他自從接受了一次切除手術，就再也記不住任何新的東西。他就像是一個陷入時間迴圈的人，記憶只能保持短短的幾分鐘甚至幾十秒。

　　可他的案例，卻被作為典型，寫進了研究記憶與腦神經科學的書裡。在世界上，幾乎每一本神經學的教材中，都有專門的一章，留給這個代號為「H.M.」的病人，他終身的職業是病人，卻開啟了當代腦神經科學的研究。

　　在他去世後，他的大腦甚至「享受」了與愛因斯坦大腦

一樣的待遇——被切成了 2000 多片 70 μm 厚的樣本，送到實驗室中研究。也是在他去世後，人們才終於知道了書中神祕的「H.M.」的名字。亨利・莫萊森，世界上最著名的健忘症患者，他的生命，是永遠的現在時態。

1926 年 2 月 26 日，亨利出生在美國的康乃狄克州哈特福德市。出生的時候，亨利與正常的孩子並沒有什麼兩樣，他有著大多數男孩子都有的特點，每天在外面折騰玩耍，喜歡一切新鮮事物。直到 7 歲那一年，一場意外的自行車事故中，亨利撞傷了頭。撞到頭的亨利當場昏迷，嚇得周圍的人大驚失色。幸好，幾分鐘後他悠悠轉醒，看上去並沒有什麼大礙。

或許，正是這一次不算嚴重的車禍導致了他的癲癇。自那以後，亨利就一直遭受著癲癇的困擾。到了 16 歲的時候，亨利的癲癇發作得愈發屬害。他口吐白沫，咬自己的舌頭，四肢不停地抽搐。頻繁發作的癲癇讓他不得不停學在醫院接受治療，一直到 21 歲，他才勉強完成了高中的學業。

高中畢業後的亨利到了一家工廠當裝配工，可他已經註定沒辦法像正常人一樣工作與生活。他經常眩暈、昏厥，抗癲癇藥的劑量越來越大，效果卻越來越差。最終他只能辭職在家休養，不能出門。

就在亨利被癲癇折磨得生不如死的時

青年時期的亨利

候，當地著名的神經外科醫生——威廉・斯科維爾找到了他，威廉告訴亨利，他可以幫助他。威廉想用的治療方法正是那個臭名昭著的「腦前額葉切除手術」。作為一名優秀的神經外科醫生，威廉認為，這樣的手術相當不精確，盲目地手術會讓患者陷入危險之中。為此，威廉設計了一套極為嚴格的操作程式，仔細記載每次手術所切除的大腦位置。威廉相信，切除大腦的「內側顳葉」是療效最好的。

這是一項危險的手術，那時候的人們對大腦並不瞭解，對精神病的治療更是抓瞎。可絕望的亨利和父母等不了了，他們決定孤注一擲。1953 年的 9 月 1 日，亨利接受了威廉醫生的手術。這成了他生命中最重要的決定，而這一天也成了他陷入記憶迴圈的起始點。

威廉醫生給亨利打了麻醉針，分別摘除了亨利大腦左右兩邊的內側顳葉部位約 8 公分長的腦組織，他的海馬構造與鄰近組織，大部分的杏仁核與內嗅皮層也都被切除。手術很成功，亨利發病的程度和頻率有了顯著的下降，也沒有變成一個「沒有喜怒哀樂的傻子」，一切看上去都很好。可對於亨利來說，他的生命從這一刻，開始了永遠的原地踏步。

他找不到去廁所的路了，剛吃過午飯的他不停地問護士什麼時候開飯。他翻來覆去地看著同一本雜誌，十分鐘的對話裡將一個笑話來來回回說了很多次。他無法結交新朋友，每一次見面，他都覺得是初次相識。他再也沒有辦法記住新的東西了。任何東西他都會「過目即忘」，大腦永遠只能儲存幾十秒的新記憶。一轉身，他就會忘記自己剛剛說過什麼，做過什麼。可他記得很多之前發生的事情，他記得自己的父親來自路易斯

安那州，記得母親來自愛爾蘭，他知道 1929 年的美國股市崩盤事件，也知道第二次世界大戰。

威廉醫生對亨利做了測試，他的智力很正常，基本性格也沒變，可是他卻再也無法形成新的記憶了。他記得曾與父母同住的故居在何處，卻找不到手術前半年多自己的新家在哪裡。亨利患上了「順行性遺忘症」和一定程度的「逆行性遺忘症」，「逆行性遺忘症」讓亨利忘記了手術前一兩年的大部分事情，而典型的「順行性遺忘症」則讓他再也無法記住手術後的事情。

手術後失憶，在經歷了腦前額葉切除術的患者身上並不少見，可亨利卻是其中極為特殊的一個。他損失的記憶能力非同尋常而又異常清晰，並且他的手術過程被詳細地記錄了下來。於是，亨利成了研究記憶的最佳實驗物件，他被化名為「H.M.」，成了一名「職業病人」。

數不清的優秀科學家前來研究他。其中，一位名叫布藍達的女科學家占據了重要的一席。當 2009 年《神經元》雜誌發表關於亨利的特邀稿的時候，文章的結尾出現了這樣的一段話，「H.M. 之所以能在神經科學研究史上占據如此重要的一席之地，其中一個重要的原因便是，當年研究他的那個年輕科學家，正是布藍達·米爾納。」

布藍達是個傑出的實驗科學者，對基礎概念也有著極強的洞察力。1955 年，37 歲的布藍達從英國去美國拜訪亨利，開始了對亨利長達半個多世紀的研究。

對於現在的人來說，大腦不同區域主管不同神經功能的概念已經深入人心，可在幾十年前，科學家們並不知道堅硬的顱骨內，這一團柔軟滑膩的灰白色組織到底是如何影響人們的思

想與行為的。經過對亨利和另外 9 位接受了顳葉切除術的病人的研究，布藍達和威廉醫生一起得出了結論：在亨利被摘除的大腦部分中，有一個特殊的結構，其形狀細長彎曲，那是被稱為海馬體的結構，亨利的記憶障礙，與他海馬體的缺失有關。

既然這樣，那麼海馬體應該就是大腦用於管理記憶的部分。而亨利除了再也不能記住新東西，其他的一切都沒有受到影響，那麼海馬體應該對其他的神經活動影響很小。通過對亨利的症狀與手術情況的分析，神經科學歷史上，第一次有了一項可以明確定義的神經功能——記憶，這開創了大腦功能分區研究的先河。

可是，亨利並非完全不能記住東西。布藍達讓亨利在螢幕上看一串停留一陣又消失的數字，讓他立即重複，當數字為 6~7 個的時候，亨利能準確地完成這項任務。亨利的短時記憶能力並不比一般人差，可他實在是太「健忘」了，他忘記東西的速度快得驚人。那麼，記憶與遺忘之間，又是什麼樣的關係呢？

實際上，記憶，對於正常人來說似乎是個自然而然發生的過程，人們似乎並不需要刻意去記住自己有沒有吃過午飯。可對於大腦來說，記憶可以分成長時記憶和短時記憶。

短時記憶就是短期加強神經節點的效率，時間短，強度高，幾十秒後，短時記憶就會消失。可長時記憶就不一樣了，強度不算高，卻效果持久。海馬體，就承擔著將短時記憶轉化成長時記憶的工作，它將人們閱讀的書、欣賞的畫、品嚐的美食、眺望的風景，都分門別類一一整理好，珍藏起來，以供人們日後回憶。失去了海馬體的亨利，自然也就失去了將短時記憶轉化成長時記憶的能力。

那麼，失去記憶能力的亨利，就一丁點兒記憶功能都沒有

了嗎？布藍達繼續對亨利進行研究。在布藍達的指導下，亨利拿著一支鉛筆，一張畫著雙線五角星的紙片，沿著五角星的輪廓，在雙線之間再畫出一個五角星。這看似簡單的任務，實際上很難順利完成。因為在整個過程中，亨利都不能直接看到自己在紙片上畫的五角星，他只能看到鏡子中自己畫五角星的影像。左右顛倒的鏡像讓亨利畫出的線條歪歪扭扭，沒辦法畫出直線。但是經過幾天的練習，亨利能夠流暢地對著鏡子畫出五角星。甚至一年之後，他都還能順利地將五角星畫出來。儘管，他根本不記得自己曾經做過這樣的一個練習。

每次畫畫，對亨利來說都是一次嶄新的經歷，當某一次他順利流暢地畫出五角星的時候，他驚訝地說道：「這麼簡單？我還以為會很困難呢！」亨利並沒有喪失自己的「程式性記憶」，記不住任何事情的亨利，卻可以通過訓練，掌握動手操作的新技能。布藍達意識到，在海馬體之外，還有別的記憶可以生成。

海馬體固然對於記憶的形成有著舉足輕重的作用，可它卻只掌握著某一類特定記憶的轉化。對於「程式性記憶」，它並沒有橫插一腳，程式性記憶是指如何做事情的記憶，包括對知覺技能、認知技能、運動技能的記憶。程式性記憶可以幫助人們完成日常生活中很多看似不起眼的任務：穿鞋帶、編辮子、游泳、騎車、演奏樂器、飛快地打字等等。這些似乎都是「只可意會不可言傳」的學習過程。

這些與運動相關的記憶的生成與小腦、紋狀體、運動皮層等有關係。實際上，亨利學會的不僅僅是這些。他還能形成潛意識，對看過的畫片留下說不清道不明的印象。他能完成一種

叫作「重複啟動」的心理學測試，他還能準確地畫出自己居住的房間（手術後搬入）的地圖。

　　起初，人們認為，這種與肌肉相關的記憶，可能是一種特例。可隨著對亨利的研究的深入，越來越多的「特例」告訴人們，這並不是什麼特例。這些都是一類被稱為「非陳述式記憶」的記憶方式。

　　這一類記憶在海馬體之外悄然成形，深藏在潛意識中，神不知鬼不覺地影響著人們的日常生活，而海馬體，與記憶相關，卻不是那種簡單而直接的聯繫。

　　亨利讓科學家們的眼光鎖定在海馬體之上，提出了簡化而有效的記憶生理模型，又讓科學家們將眼光拓展到海馬體之外，在大腦的其他部位搜尋更多與記憶相關的東西。

　　科學家們一點點挖掘著記憶的神祕成因，一層層撩開遮在記憶與大腦面前的神祕面紗。曾經玄妙而虛無縹緲的東西漸漸凝成了實體，為人們所知。而亨利這個腦神經科學史上最著名的實驗品，也步入了老年。雖然他意識不到時間的流逝，每一天對他來說都是大夢初醒的第一天。但是時間，還是在他的身上留下了深深的痕跡。自從 27 歲那年的手術之後，他再也沒辦法獨立生活。他先是搬進了父母家裡，然後是親戚家，最後是養老院。

　　他喜歡看電視，喜歡和別人聊天，喜歡玩填字遊戲。即便他一轉頭就會忘掉電視說了什麼，和別人聊到哪兒。他幽默而風趣，常常妙語頻出。當研究者問他：「你吃過飯了嗎？」他會笑著說：「我不知道，我正在和自己爭論這件事。」他甚至還喜歡善意地捉弄人。一次，他與一位研究者走在麻省理工

的校園中，研究者問道：「你知道我們在哪兒嗎？」亨利立刻說：「怎麼啦？我們當然在麻省理工！」研究者驚訝得說不出話來，亨利得意地笑著指了指前方學生的 T 恤，上面印著 3 個大大的字母：MIT。

　　亨利無疑是一個最好的實驗品，或者說，被試。他性格溫和友善，容易相處，永遠樂於嘗試那些稀奇古怪的測試。如果一個人每時每刻都處於一個陌生的環境中，身邊都是陌生人，那麼他只能有兩種選擇，要麼把每個人都當作敵人，要麼把每個人都當作朋友。顯然，亨利屬於第二種人。

　　他平靜地接受了這個每天都「恍如從夢中驚醒」的世界。對身邊的老朋友和「新朋友」都保持著無比的友善。有時候，研究者會問他：「你做過什麼嘗試讓自己記住的事情嗎？」亨利會狡黠地笑笑，說：「我怎麼會知道，就算我嘗試過，我也記不住啊。」他敲敲自己的腦袋，感歎道：「這真是個榆木疙瘩。」

　　2008 年 12 月 2 日，82 歲的亨利結束了自己「27 歲」的人生。

　　按照他早年簽下的協議書，他的大腦被取了出來，切成了2000 多片 70μm 厚的薄片，用於電腦建模。亨利的大腦資訊，將會在經過重構後全部公開。亨利當了一輩子的「專業實驗品」，死後，他的大腦活在了電腦裡。與很多腦神經科學家相比，亨利對現代腦神經科學的貢獻更大。如果亨利知道這些的話，應該會十分欣慰吧。

　　在他的身上，始終有一個信念：從未失落過的他總是希望，科學家在他身上所發現的一切，會對別人有所幫助。

　　「亨利，明天你打算幹些什麼？」

　　「我想，任何對別人有用的事情。」

第二章
天體物理學家與搖滾巨星

　　有一位頂著奇怪髮型的吉他手，他燈柱一般的高挑身材伴著略微張揚的英倫風情，曾在奧運會閉幕式上演奏了一首無人不知的歌曲：We Will Rock You。這首歌曲與他演奏的另一首歌曲 We Are The Champions 被各種體育、遊戲，甚至是政治場合所使用，經久不衰。

　　很多人也許沒有聽過他的名字，但幾乎無人敢說不曾聽過他的歌曲。他是吉他手布萊恩・哈樂德・梅。在 2011 年《滾石》雜誌評選的百名最偉大吉他大師榜單中，他排名第 26，他的樂隊專輯霸占了全英國銷量榜單首位長達 1322 週。

　　但很少有人知道，這樣一個搖滾巨星居然是一位天體物理學博士。他的天文學論文發表在《自然》期刊，還在自家後院建起天文台，他甚至還是利物浦一所大學

布萊恩・哈羅德・梅（1947—）

的校長，為 NASA 製作出了第一張冥王星的立體照片。很少有人能像他一樣，如此聲名遠揚，如此備受追捧，卻還保持著自己求知的可貴本性。

Buddy, you're a boy make a big noise
Playing in the street gonna be a big man someday
兄弟，你還只是個鬼吼鬼叫的小男孩
在街頭巷尾鬼混，但總有一天你會成為大人物 ——《We Will Rock You》

6 歲的布萊恩，已經開始展現出對音樂的熱愛。在那個流行音樂還沒有完全被情歌占領的年代，布萊恩成天黏在收音機旁，聆聽著單純的美好，父親見他興趣很高，就開始教他學班卓琴。布萊恩很快就學會了 7 個簡單明快的和絃，愛上演奏的他希望下一個生日禮物是一把吉他。7 歲的布萊恩如願收到了一把吉他卻發現了不少問題，琴弦太高，對於一個孩子來說難以演奏。在和父親討論後，他們決定自己改造這把吉他。漸漸地，布萊恩發現改造樂器的樂趣不亞於演奏。

他學著剛剛流行起來的電吉他，給手裡的這把破木吉他裝上自製的簡陋拾音器，然後將拾音器接上家裡收音機的揚聲器，竟也有模有樣地做成了一把簡陋的電吉他。

布萊恩對音樂的愛好甚至發展到了其他樂器上。到 9 歲的時候，他堅持考過了鋼琴四級，但很快他就受不了鋼琴演奏的各種條條框框，退出了。因為他已經開始寫一些古怪的歌曲，吉他才是他真正的夢想。20 世紀 50 年代正是電吉他剛剛起步

的時期，就像是剛剛開發的處女地，很多狂熱的音樂人都願為它奉獻畢生的青春。

那時候，布萊恩瘋狂涉獵各種風格的音樂。一邊聽一邊模仿，漸漸地能夠邊彈邊唱，吉他的演奏技術也突飛猛進，而他那時只是一個 11 歲的小學生。中學時，他有了更大的展示空間，也遇上了很多喜愛吉他的男孩。可無論如何，布萊恩總是他們之中最獨特的一個。他常常一個人在教室的角落悠悠地彈吉他。在中學的第二年，他就已經有了粉絲俱樂部。

漸漸地，學校裡掀起了一股組樂隊的熱潮。可是布萊恩只有一把改裝過的木吉他，根本拿不出手，家裡又負擔不起這麼昂貴的樂器。布萊恩計畫著和爸爸一起從頭開始製作一把電吉他。他們騰出了一間臥室作為工作間。布萊恩找來一塊從壁爐上拆下來的廢棄桃花心木，費盡全力才用刀切出了琴頸的形狀。琴身的原料也都是他找來的一些廢舊材料。

用自行車座下的金屬做成了搖把，從爸爸的摩托車上拔下來兩個彈簧做了琴橋，甚至還找來了媽媽的粗縫衣針做固定。歷時一年半，布萊恩也從 14 歲長到了 16 歲，終於有了自己的第一把電吉他「Red Special」。

這把只花了 17.45 英鎊製成的電吉他不但不簡陋，很多地方甚至超越了當時昂貴的大品牌吉他。為了保證琴頸的堅固，布萊恩在裡面加裝了金屬條。為了降低斷弦的風險，他改進了琴橋的設計。布萊恩親自安裝的拾音器和電路可以組合出 24 種音調。

在「Red Special」的陪伴下，布萊恩組建了第一支樂隊。他從喬治・奧威爾的反烏托邦小說中獲得靈感，將樂隊起名為

1984，也開始了第一次收費演出，邁出了成為「少女殺手」的第一步。

　　布萊恩的髮型也是在這個時候由短髮發展為牛頓同款髮型。布萊恩在校園音樂圈裡聲名鵲起，吉他技術爐火純青。他遇上了牙醫專業的醫學生鼓手羅傑，又建立起了自己的第二支樂隊 Smile，後來學服裝設計的主唱佛萊迪也加入隊伍，直到最後電子工程專業的約翰到來，這支樂隊終於成型，名字也改為惹眼的 Queen（皇后樂隊）。

　　樂隊穩定後，逐漸有了名氣，可依舊沒有什麼收入。因此布萊恩和約翰包辦了所有設備相關的事宜。他們自製了很多獨一無二的效果器，打造出只屬於自己的音色，漸漸地樂隊找到了自己的風格，並且幾乎無人能複製。

　　20 世紀 70 年代，搖滾樂備受主流社會的質疑，被認為是叛逆和玩物喪志的典型，多年以後搖滾樂壇依舊充斥著毒品、酒精和糜爛。而皇后樂隊簡直就是樂壇的清泉，他們個個受過良好的教育，典雅而華麗。1975 年，皇后樂隊憑專輯《歌劇院之夜》走向巔峰，單曲《波西米亞狂想曲》甚至霸占了美國排行榜亞軍數週之久。

　　布萊恩靈魂的另一半其實也早早地愛上了天文學。

　　7 歲時，布萊恩不僅拿到了人生中的第一把吉他，愛上音樂的同時也迷上了星辰宇宙。

　　他迷上了摩爾爵士的天文科普節目《仰望星空》，徹底迷上了浩瀚的太空，渴望瞭解它的一切。他改裝了木吉他的同時，也和爸爸自製了一架反射望遠鏡。牛頓當年憑藉一架反射式望遠鏡進入皇家學會，布萊恩靠著這架望遠鏡找到了一輩子

的夢想。他熬夜看天文節目，凌晨起來觀星望月，立志要成為一名有建樹的天文學家。

布萊恩在中學時代對音樂的瘋狂完全沒有影響到學業，在中學畢業前，他曾獲得物理學科的公開獎學金。在 18 歲的夏天，布萊恩通過了十個普通科目、四個高級科目的考試，拿到了帝國理工學院的入學通知，主修物理和數學，同時也沒有放下音樂的愛好。

1970 年他獲得高等二級榮譽理學學士學位，優秀的成績讓他得以留校繼續攻讀博士學位。一方面布萊恩要堅持樂隊練習，另一方面還要兼顧學業。同時，為了樂隊的支出，他每個星期還要抽出兩天半的時間做數學教師。

不但學業沒有一點退步，其間他還發表了兩篇論文，其中一篇更是發表在權威期刊《自然》上，那是他離兩個夢想最近的時刻，也是最痛苦的時刻。

經過十分艱難的痛苦選擇，在博士論文已經進入修訂階段的時候，布萊恩放棄了學業。他的父親不敢相信兒子放棄了如此優秀的學業。布萊恩曾經的導師金回憶道：「布萊恩是個又討喜又友善的優秀學生。那時，至少在我心目中，他怎麼都不會成為一個搖滾明星。對我來說，他永遠是個聰明的物理學家。」

在那之後，布萊恩和父親有足足一年的時間沒有說話，直到皇后樂隊第一次在美國演出的時候，布萊恩給父母買了機票請他們來看演出。演出後，他對父母說：「點客房服務吧，我們有錢了。」

父親看著布萊恩說：「好的，我知道了。」父子關係終於

得以冰釋。那一刻，布萊恩才明白自己是有多希望得到父母的認可。

皇后樂隊在大家的努力下走向成功，演唱會從蒙特利爾開到倫敦溫布利體育場。1985 年，一場舉世矚目的慈善演唱會 Live Aid 上，皇后樂隊演奏 6 首歌曲，觀眾為之瘋狂。那是搖滾樂最輝煌的年代，Live Aid 創下了 10.5 億的收視紀錄，籌集善款 8000 萬美元。

輝煌的台前，布萊恩是最溫文爾雅的吉他大師。而幕後，他也從未離開自己天文學家的夢想。他不僅極度關心天文學的進展與新聞，還在自家的後院建起了一座小型天文台，兒時的夢想被他小心地保存在最柔軟之處。

但天下無不散之筵席，皇后樂隊迎來落幕的時刻。1991 年，主唱佛萊迪因愛滋病而永遠離去。彼時，布萊恩受到父親、夥伴去世的雙重折磨，加上自己多年以來對家庭的疏忽，幾近崩潰。

夢想，是不是應該放棄了？

二十一世紀初，布萊恩去蘇格蘭觀測一次日環蝕，遇見了兒時偶像摩爾爵士，他們暢談許久。

摩爾爵士提出了一個大膽的想法，希望能和布萊恩合著一本天文學科普書籍。布萊恩心裡的火焰被神奇地重新燃起，答應了這個請求。

在準備撰寫書籍的日子裡，布萊恩被觸動了。他向帝國理工學院申請重新註冊學籍，時隔 32 年，以 59 歲的高齡重回母校。他重新拾起了曾經的課題，忙碌地投入到觀測中。

僅僅一年時間，布萊恩就提交了博士學位論文，將天體物理學博士學位作為 60 歲的生日禮物送給自己。隨後，他出任帝國理工學院客座研究員，登上了摩爾爵士的第 700 集《仰望星空》，獲得了「有史以來最像牛頓的科學家」稱號，更是被利物浦約翰摩爾大學選為名譽校長。

　　2015 年，布萊恩參與了「新視野」號飛過冥王星的活動，他以 NASA 發布的圖像製作出了第一張冥王星立體照片。除此之外，他還積極參與動物保護活動，為狐狸與獾發起了「Save Me」（也是皇后樂隊的同名歌曲）活動。

　　在 2012 年倫敦奧運會閉幕式上的演出，布萊恩所穿著的服裝在左右手臂上都繡有狐狸和獾的徽章。在音樂上，他與昔日的隊友泰勒重新組合復出，帶著他那把用了 40 多年的 Red Special 再次給人們帶來經久不衰的音樂。

　　皇后樂隊早就得到了世界的認可，Lady Gaga 的藝名也是來自皇后樂隊的歌曲 Radio Ga Ga。

　　人都會有夢想，也都會有捨棄。在人生的岔路口有太多選擇，忍痛抉擇後即使駛向了高速公路，也不妨回到最初的鄉間小道，感受蜿蜒起伏的駕駛樂趣。

參考資料：

◎　《全世界都在討論的冥王星照片，居然來自皇后樂隊的吉他手》[N/OL]. 杭 州 日 報 .2015-7-30(A28). http://hzdaily.hangzhou.com.cn/dskb/html/2015-07/30/content_2029868.htm.

第三章
最後一個什麼都知道的人

18 世紀初，科學巨匠以撒・牛頓發表了著作《光學》。書中詳細記錄了牛頓在早年間對光學的研究成果，牛頓在書中指出，光的本質應是實體粒子。

他以彈性小球的物理模型來解釋光的反射，又認為折射是在兩介質交界處粒子受力變化導致的。雖有惠更斯等其他學者反駁粒子說的觀點，但無奈牛頓位高權重，其權威地位幾乎無人敢挑戰，光粒子說便順理成章地成了那個世紀最主流的觀點。

整整 100 年後，事情被一位與牛頓同校的醫學生改變了。他設計出了既精妙又簡單的雙縫干涉實驗，用鐵一般的事實反駁了光粒子說的觀點。

他也大言道：「儘管我仰慕牛頓的大名，但是我並不因此而認為他是萬無一失的。我遺憾地看到，他也會弄錯，而他的權威有時甚至可能阻礙科學的進步。」

可儘管如此，他仍舊被牛頓揮之不去的權威籠罩，不得不放棄對光學的研究，另尋他路。晚年他轉向考古學研究，對破譯古埃及文字有重大突破。他一生的貢獻涉及生理學、光學、材料學多個領域，愛好耍雜技、騎馬，甚至會演奏當時所有的樂器，堪稱全才。

他因此被稱作「世界上最後一個什麼都知道的人」。

托馬斯·楊（1773—1829）

湯瑪斯·楊出生在一個大家庭，他是 10 個孩子中的老大。湯瑪斯的聰穎不僅僅是停留在學習優秀這個簡單的層面上，比起在學校中學習知識，湯瑪斯更喜歡的是自學。他兩歲起就開始閱讀，並逐漸愛上閱讀。在湯瑪斯 13 歲時他已經掌握了拉丁文、希臘語、法語和義大利語，同時他發展了自己在自然科學領域的興趣，並且能夠製作望遠鏡和顯微鏡等光學儀器。

湯瑪斯在 19 歲時又將他的語言疆域擴大至東方，開始對希伯來語、阿拉伯語、波斯語等進行研究，而自然科學方面也是由淺入深。那時他已經掌握了微積分，通讀了牛頓和拉瓦錫等人的著作。

湯瑪斯瘋狂地汲取著世界各地的知識精華，不忍浪費生命中一絲一毫可以用來學習的時間，他像是知識世界裡的哥倫布，等待著新大陸的出現。探索將是他一輩子一直進行但又永不會完成的任務。

轉眼間，湯瑪斯已經是 20 歲的年輕語言專家了，但他

卻選擇了踏入一個陌生的領域。這其中也是受到了他舅舅Richard Brocklesby 博士的影響。1792 年起，湯瑪斯先後在倫敦、愛丁堡、哥廷根學醫，後獲得博士學位。

入學僅兩年，湯瑪斯成了化學家布萊恩·希金斯的助手，希金斯是擁有世界上第一個水泥混凝土專利的人。湯瑪斯參觀英國皇家學會，好像能領略前會長牛頓留下的威風，甚至想要重新研究牛頓前輩的偉大貢獻。於是，湯瑪斯首先將目光放在了牛頓曾經非常癡迷的光學上，而作為醫學生，眼睛顯然是與光學最相關的部分。

製作過顯微鏡以及望遠鏡的湯瑪斯顯然對這類光學儀器的結構非常熟悉，現在我們知道這些設備都是通過改變鏡組間距來實現對焦變焦的，我們人類的眼睛擁有超強的對焦能力，但在眼球這麼局促的空間裡似乎並不能容納那些結構。

湯瑪斯陷入了長久的深思，這的確激發了他對光學研究的熱情。他解剖了牛的眼睛，發現了晶狀體附近的肌肉結構。進一步研究發現，該肌肉收縮能改變晶狀體的曲率。湯瑪斯是最早發現眼睛對焦原理的人，同時他也研究了散光。也正是那年，湯瑪斯入選了英國皇家學會。

除此之外，湯瑪斯在對生理光學的深入研究中還有新的發現，他吸收了牛頓的色散理論，進一步研究，發現了幾乎所有顏色的光都可以通過紅、綠、藍合成，這個理論也就是後世所說的「三原色」。

作為一個醫學生，湯瑪斯似乎並沒有表現出應有的稱職，反而是在追尋自己其他興趣的道路上漸行漸遠。不久後，舅舅離世，留下了一筆不小的財富，可以說這讓湯瑪斯在科學道路

上的探索更加自由。

進入 19 世紀，湯瑪斯對光學的興趣有增無減，甚至對曾經仰慕的泰斗牛頓爵士的理論產生了質疑。以牛頓為首的光粒子派已經統治了學界百年，雖然人們已經發現了粒子說無法解釋所有光學現象，但是卻人人噤若寒蟬，三緘其口。

湯瑪斯自然也發現了端倪。在牛頓的理論中，光是光粒子高速移動產生的粒子流，反射和折射都遵循自己的經典物理體系。牛頓認為宇宙中充滿均勻的介質「乙太」，光粒子在移動過程中會受到乙太的引力影響，但由於乙太均勻分布，光粒子的總體受力平衡，滿足自己提出的牛頓第一定律，保持勻速運動。

按照牛頓的粒子理論，光粒子從乙太進入其他介質時，在兩種介質的交界處，例如空氣中的光粒子非常接近玻璃這樣的介質時，玻璃較大的引力會讓光粒子運動方向發生改變。這也是為什麼從空氣到玻璃，光的折射角總是小於入射角。

但湯瑪斯卻覺得光的本質應該和聲音類似，都是一種波，不同顏色的光對應著不同音調的聲音，於是開始著手設計實驗來證明自己的觀點。

湯瑪斯觀察到水中兩個不同來源的波紋在交匯時會發生互相影響，在對聲波進行同樣的實驗後也能證實不同聲源之間互相疊加複合的效果。湯瑪斯的這個發現是一個非常大的突破，兩個不同來源的波之間發生干涉的特性就是用來證明光是波的最好的證據。

經過不斷改進，一個簡單有效的實驗被設計出來了。湯瑪斯透過相互平行且間距很小的微縫來製造兩束光，由於來自於同一種單色光，它們可以看作是完全相同的兩束光，光通過微

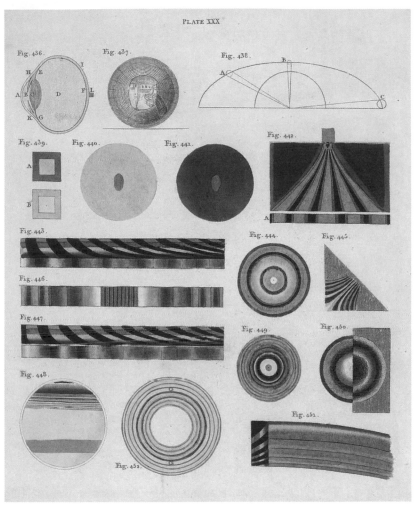

托馬斯的「三原色」研究

縫後在傳播過程中會發生互相干涉，在不同的地方互相疊加或抵消，最終兩束光能投出明暗相間的光帶。

這就是光的干涉現象，干涉這個名詞也是湯瑪斯首次提出的。湯瑪斯的實驗結果給學界帶來了很大的衝擊，不僅用客觀的實驗推翻了牛頓的光粒子說，也極力證明了惠更斯早年提出的光波動理論。然而當時的學術界似乎更願意屈服於牛頓的權威，他們對湯瑪斯的實驗半信半疑，甚至還有人譏諷湯瑪斯為瘋子。

湯瑪斯在這樣閉塞保守的科學氛圍中苦苦喘息了近20年，也許是這樣的氛圍讓湯瑪斯感到心寒，也可能是他對光學已經不再感興趣，湯瑪斯沒有再繼續研究光學。這位「沒什麼作為」的醫生想起了童年，學習各種奇妙的語言，那是最快樂的。他又重拾對語言的興趣，打算轉行研究古代語言。

早些年，拿破崙率軍征戰埃及，法軍在埃及的一個小鎮發現了一塊古埃及石碑，這塊石碑上用三種語言記錄了同樣的一段詔書，後因海上戰敗法國撤離埃及，石碑經歷了一段曲折的故事。最終輾轉來到英國，而法國只有可憐的一個抄本。

學術界一般認為，古埃及文字是人類最早的文字系統，這是一種非常生動的象形文字，精妙絕倫，英法兩方都在積極地對古埃及文字進行破譯工作。

石碑上的三種語言中有歐洲人熟悉的希臘文，學者們雖然讀懂了詔書的內容，但卻找不到與古語的任何聯繫。法國以語言天才商博良（Champollion）為首，認為這種石碑上的世俗體（草書）是表意文字，另一派則認為世俗體應該是和拉丁語一樣的拼音文字。但十幾年過去了，兩派誰都沒有關鍵性的突破。

1813 年，湯瑪斯投身到破譯工作當中。他從詔書中國王名字入手，指出這是一種表音與表意共存的文字，經過沒日沒夜的艱苦破譯，湯瑪斯已經破譯了部分字母。然而，因為湯瑪斯所使用的對照材料有抄寫錯誤，導致他誤以為自己破譯的字母表有關鍵性謬誤，最終對於古埃及文字的研究工作就此擱淺。

　　而法國的商博良在讀到湯瑪斯已發表的成果後，茅塞頓開，結合他本人對科普特語（古埃及語言的演變）的研究，最終真正破解了這兩種古文字，湯瑪斯的突破性發現卻少有人提及。商博良堅稱自己的所有成果都是獨立研究的結果。後來，有好事者扒出商博良以前寫給哥哥的一封信，信中明確地寫著讓哥哥趕緊注意湯瑪斯所發表的關鍵性結果，這樁語言學史上最著名的公案至今仍爭議不斷。但不可否認的是湯瑪斯在人們眼中的形象變得更加不像一個醫生了。

　　湯瑪斯‧楊的一生只有短暫的 56 年，但卻過得極其豐富精彩，令人讚歎，他除了對光學和文字學做出巨大貢獻之外，還定義了材料力學中的彈性模量概念，「楊氏模量」成了廣大工科生在力學課本中常見的名詞。

　　其實，除了在科研方面造詣深厚，據說湯瑪斯還擅長騎馬，能耍雜技走鋼絲，幾乎會演奏那個年代所有的樂器，甚至在美術領域也頗有一番見解。

　　湯瑪斯‧楊一生的成果涉及光學、聲學、流體動力學、船舶工程、潮汐理論、毛細作用、力學、文字學、生理學……人們總說上帝為你關上一扇門的同時也會為你打開一扇窗，而事實可能是湯瑪斯‧楊打開了一扇又一扇的窗，卻從沒關上過任何一扇門。

第四章
光榮入獄的偉大發明家

自第一次工業革命以來，人類進入了一個發明創造的黃金年代。有些人憑著一顆赤子之心，駛上了時代的快車道，就如石油大王洛克菲勒，憑藉煉油技術發明一舉飛黃騰達。

可有些人發明了改變人類歷史的技術，惠及今天我們每一個人，卻沒有腰纏萬貫、名利雙收，甚至連餬口的收入都沒有，一輩子動盪奔波，窮困潦倒，還落下了嚴重的疾病。也許稱作歷史上最悲慘的偉大發明家也不為過。查理斯‧固特異，就是其中的典型。

1834 年，剛剛破產的固特異來到當時規模最大的橡膠公司，躊躇滿志地想要推廣自己改進的橡膠救生帶氣門。可是經理滿臉無奈地帶著他參觀了公司產品的儲藏室，儲藏室裡散發著令人作嘔的氣味，琳琅滿目的橡膠製品，全因高溫而黏作一團。橡膠雖然有不可替代的特性，但缺點也

查爾斯‧固特異（1800—1860）

十分明顯：受熱容易變軟變黏，受冷又會失去彈性變得脆硬，也不耐腐蝕。

早在 1492 年，哥倫布發現美洲新大陸時，發現三五成群的印第安人在玩一種球類遊戲。他們的球很是奇怪，不僅彈性十足，也不會被水浸濕。於是歐洲人民第一次從哥倫布手中見到了橡膠，但之後的 200 多年時間裡，這種神奇的材料卻沒有得到重視。直到十八世紀末，有人嘗試做出了橡膠鞋和橡膠防水服等，橡膠極強的可塑性這才引起了人們的注意。商人們盤算著將橡膠做成各種形狀的商品，大賺一筆。然而，橡膠行業只是個美麗的泡沫，未曾觸及便支離破碎。

可是固特異不願放棄對橡膠的探索，他心想決不可埋沒大自然贈予人類的橡膠。他比誰都清楚，只要找到合適的配方，橡膠一定能大有作為。回到家中，固特異立刻開始了自己的實驗。他在廚房用桿麵棍揉壓著一塊生橡膠，加入橡膠廠常用的松節油。可是他嘗試了幾個小時，依舊不能把橡膠的黏性去除。於是他開始尋找可以替代松節油的化學藥劑，然而經歷了好幾週毫無頭緒的實驗，他已經借不到更多的錢繼續研究了。

老債主持續不斷地催債，一貧如洗的固特異被捕入獄。他就帶著桿麵棍、橡膠還有添加劑進了監獄，在獄中做起了實驗。最終，父親和哥哥幫他還清了債務，他才得以出獄。

出獄後他已無法負擔城市的生活，帶著全家搬到家鄉的一個小破屋子。在這裡固特異的實驗有了一些進展，他發現鎂粉的效果似乎不錯，心裡很是激動，用從當地商人那裡借來的錢迅速投入生產。固特異動員了全家人，還雇了幾名婦女，在春天趕製出了幾百雙橡膠鞋。

可炎熱的夏天打碎了固特異的美夢，這些還沒上市的鞋變成了軟乎乎的一坨。投入大量資金卻再次面臨失敗，這回只能靠吃些土豆和野菜根度日了。

在這最困難的時期，因為付不起房租，他們一家被房東趕去更破舊的房子居住。更讓他痛苦的是，他剛學會走路的兒子因為營養不足而不幸夭折了。頑強的固特異化悲憤為力量，再次開始了實驗。

走上研究橡膠這條路，固特異也受到很多人的勸阻。他過去的老師看到他整日蓬頭垢面地在狹窄的房間裡做著實驗，心生憐憫，極力勸阻他繼續實驗。連固特異的表弟也勸他，不要浪費時間精力做這些沒有意義的事。但他只是倔強地說：「我要做橡膠的拯救者。」

固特異的實驗也曾出現過轉機。一次，當他用硝酸清洗橡膠上的顏料時，橡膠遇到硝酸變得發黑，只好丟棄這些廢品。但隨後他檢查廢棄物卻發現，經過硝酸處理的橡膠表面平滑乾爽，是他見過最好的橡膠。

他興奮地開展進一步實驗，卻因此吸入過量揮發的硝酸。他病倒在床足足緩了 6 個星期，才恢復過來。欣慰的是，硝酸處理確實能夠大為改善橡膠的性能。他急匆匆地為自己的發現申請了專利，並在紐約找到了投資人，快馬加鞭地生產了一系列的產品。

可沒想到，這些當時品質最好的橡膠依舊沒能熬過夏天。同時在 1837 年因金融危機的衝擊，固特異的投資人也破了產。他的生活變得更加拮据，他變賣了所有家當寄宿在一家即將倒閉的橡膠工廠中，全家只能靠固特異一個人到河裡打魚果腹。

當時甚至流傳著一種說法：如果你碰到一個人，帽子、圍脖、外套、背心、鞋子都是印第安橡膠做的，口袋裡沒有一分錢，那麼這個人就是查理斯‧固特異。

固特異寄宿橡膠工廠期間，無意間得知工廠的主人海沃德發明了一種用硫黃處理橡膠表面的工藝。這讓他很是興奮，竟然傾家蕩產擠出最後吃飯的錢買下了海沃德的專利。他還憑著一張巧嘴，拿下了郵局發布的大訂單——150 個郵袋的製作。

固特異相信，這次便是向世界證明自己最好的機會。他用改良後的製作工藝，生產出了異常精美的郵袋。但是問題還是出現了，這種處理工藝只能改善橡膠表面的性能。在一次持續兩週的高溫裡，這些郵袋的內部全都融化了。這一回，固特異連僅存的名聲都弄丟了。

固特異名利兩失，若說還有正名的機會，便是拿出一款真正有效的產品。深深理解這件事後，他頂著巨大的經濟壓力不停地實驗。因為經常接觸各種化學藥劑，30 多歲的固特異看起來像個 60 歲的糟老頭。

也許是老天開眼，固特異的實驗又有了一個令人興奮的大驚喜。固特異一不小心把一塊混有硫黃和氧化鉛的橡膠弄進了火爐裡，橡膠在火爐裡烤了好一會兒，冒出了刺鼻的濃煙。固特異大驚，熄滅火爐後他把這堆灰燼取出，卻驚訝地發現這團滾燙且發黑的橡膠竟然沒有變軟變黏！

他仔細端詳了好一會兒，發現這團橡膠已經脫去了黏性，似乎變得更有彈性，更有韌性，用盡全力也扯不爛。這次固特異感到與他的夢想已經無限接近，誰都想不到怕熱的橡膠居然要通過高溫才能完成蛻變。

為了成功的最後一小步，固特異還需要進一步實驗，他還要掌握混合物加熱的時間和添加劑的比例。但資金問題成了最大的攔路虎，他只得再次去紐約找朋友借錢。得知消息的朋友們紛紛躲了起來，根本尋不到蹤跡。固特異借不到錢，甚至沒辦法支付 5 美元的旅店費用。最終他因為遲遲交不起錢，再次鋃鐺入獄。

從監獄回到家中，等待他的卻是另一個兒子也因饑餓而死的噩耗。彷彿全世界都在跟他作對，悲傷的情緒早已難以抑制。加之長期接觸氧化鉛讓固特異的身體每況愈下，他在這輩子最艱難的時刻握著沉甸甸的夢想不知所措。當初「拯救橡膠」的誓言霎時間在他腦海閃過，用橡膠改變世界的夢想已經堅持了這麼久，現在放棄真的對得起自己嗎？

為了延續夢想，他家廚房裡的烤箱遭了殃，因為被當作實驗工具，以至於妻子烤出來的麵包都有一股刺鼻的橡膠味。千呼萬喚始出來，固特異的完美橡膠配方終於趕在烤箱壞掉前完成了。

他迫不及待地為配方申請專利，並且不顧自己的身體狀況以及極度貧困的家庭狀況，再次要將自己的發明投入生產。但因為之前的多次失敗，所有人都不再信任他。產品還沒有獲得收益，他又一次破產了。除了不可避免地入獄，固特異的專利也被迫轉讓給了債權人，以此換來了日後能在其工廠繼續研究的機會。

慢慢地，固特異的橡膠逐漸有了些名聲，不少人開始相信了這個歷經磨難的發明家。只是好景不長，固特異的配方被其他對工廠不滿的工人洩露出去。一些侵權者甚至還宣稱自己才

是配方的真正發明人，固特異被迫陷入了無盡的官司當中，困苦和磨難始終沒有離開他。

1851 年，固特異借來 3 萬美元參加了英國女王主辦的展覽會。他的展區裡布滿了用橡膠製作的幾乎所有生活用品，驚豔了到場的每一位參觀者。這次他被授予了多項勳章，最關鍵的是他的發明被成千上萬的人認可了。當年「拯救橡膠」的豪言壯志終於實現了，磨難雖萬千吾獨往矣。

然而，這才剛剛獲得了巨大的榮譽，他卻再度被債權人起訴。固特異胸前掛著嶄新的勳章，「光榮」入獄了。倒楣事遠不止此，官司一單又一單從不間斷。1852 年，固特異下狠心，幾乎花光所有積蓄，聘請當時的國務卿作為辯護律師。經過兩天的辯論，法庭宣布禁止所有專利侵權行為。固特異獲得了完全的勝利，在他付出這麼多後，終於拿到了本屬於自己的名譽。

固特異一生艱難困苦，晚年更因鉛中毒而疾病纏身。1860 年，固特異去紐約探望自己的女兒，卻被告知女兒已經去世了。他聽到後便暈倒在地，再沒能醒過來。偉大的發明家固特異就這樣離開了人世，可是他還背著幾十萬的債務。

固特異偉大的發明被稱作硫化橡膠，又稱熟橡膠。這種橡膠克服了天然橡膠的種種缺點，它可以承受極端的溫度，彈性更足，韌性更好，更加耐用。正是硫化橡膠的出現，把橡膠這種神奇的材料帶給人類，沒有硫化橡膠就不會有後來的所有橡膠工業。

如果沒有固特異堅持不懈的嘗試，今天的汽車也許還使用木質的輪子，今天的運動褲也許只有抽繩設計，運動鞋的鞋底

可能還是皮的，甚至今天我們也許還在用羊腸衣避孕。

38 年之後，一個美國人把自己新成立的橡膠輪胎公司取名為「固特異」。固特異的精神得到了另一種延續，這家公司成了世界上最大的橡膠企業。

如今，「固特異」的名字隨著他的硫化橡膠跑遍世界各地。他是世界的英雄，宛如希臘神話中的普羅米修士，把自己獻給了人類，讓人類擁有了 good year（固特異即 Goodyear）。

第五章
科學界的最強辯手

　　如果說包立是最「毒舌」的科學家，那麼尼爾斯‧波耳則是科學界最能辯論的一把手。與包立的言辭辛辣不同，波耳每一次辯論都有理有據，讓人難以反駁。平日裡波耳總把自己收拾得乾淨利索，給人一副溫文爾雅的形象，說起話來語速也很慢，甚至還帶點口吃。但在科學問題上，他一旦較起真兒來卻毫不含糊，說話反倒流利起來，所向披靡。

　　他從小就愛給人「糾錯」，年輕時就因「不知天高地厚」地指出導師的錯誤，被老師冷落。構建了新的原子結構模型獲1922 年的諾貝爾物理學獎後，他便一手創立了「哥本哈根學派」。在歷史上，他也與普朗克、愛因斯坦齊名比肩，人稱「量子物理三巨頭」。

　　他創立的「哥本哈根學派」，以自由開放、在辯論中將科學思想發揚光大而著名。此外，他與愛因斯坦的世紀論戰，更是為後人津津樂道。

　　1885 年，尼爾斯‧波耳出生於丹麥首都哥本哈根的一個知識分子家庭。小時候的他雖態度平和友善，還有點靦腆，但卻追求完美，從小就將「大膽而嚴謹」貫徹到底。在一堂圖畫課上，老師要求大家畫出自己家的房子。但畫著畫著波耳便向老師打報告說要回家，原因竟是「我實在不記得家裡圍牆有多

尼爾斯・波耳（1885—1962）

少根柱子了」。隨著年齡漸長，波耳這種接近「死心眼」的耿直，也開始讓他成為一個酷愛挑錯的學生。

剛上小學不久，波耳就公開叫板，指出教材中的錯誤。哥本哈根大學教授哈格爾德・霍夫丁（Harald Hoffding）與老波耳是好友，經常到波耳家做客。大一時，波耳就在與哲學家霍夫丁教授的談笑風生中，多次指出他邏輯學教材中不合邏輯之處。不過，霍夫丁教授倒是非常樂意接受批評，甚至還對波耳嚴密的邏輯推理大為讚賞。

但批評的意見，也不是每個人都能這樣欣然接受。畢竟波耳在「電子之父」J.J. 湯姆遜面前的莽撞，就差點斷送了自己的前程。

在攻讀碩士與博士學位期間，他研究的課題都是當時剛剛興起的金屬電子理論。1911 年，波耳取得哥本哈根大學博士學位時，論文題目便是《金屬電子論》。那時，經典物理學大廈搖搖欲墜，普朗克和愛因斯坦等科學家已邁入量子物理的大門。波耳當時也明顯感受到經典力學在描述原子現象時的困

難。帶著各種疑問的波耳毅然選擇了前往英國劍橋，想要與自己的偶像 J.J. 湯姆遜進行更深入的研究。

那時電子雖然已經被發現，但是人們對原子的內部結構還不甚瞭解。所以 J.J. 湯姆遜提出了一種「葡萄乾蛋糕式」的原子模型，在歷史上得到了較長時間的認可。他認為原子的組成可分為帶正電的基底和帶負電的電子。這些帶負電的電子，就像葡萄乾一樣鑲嵌在帶正電荷的實心蛋糕上。

我們現在知道，原子是由中子和質子組成的原子核和外面圍繞的電子組成。而當時的波耳，也發現了湯姆遜的模型中有著諸多不合理的地方。所以第一次見面，波耳就拿出 J.J. 湯姆遜所著的論文，用生澀的英文指出了裡面的幾處錯誤。

湯姆遜四年前才剛獲得諾貝爾獎，完全沒有料到波耳突如其來的質疑，場面幾度陷入尷尬之中。不過耿直的波耳哪知尷尬為何物，臨走時還請湯姆遜看自己的論文，希望湯姆遜能幫自己發表在英國皇家學會的刊物上。後來，波耳的論文當然被束之高閣。那段時間的波耳也備受冷落，度過了陰鬱的半年。

不過這種狀態沒有持續很久，因為波耳很快就遇上了人生的伯樂盧瑟福。盧瑟福曾是湯姆遜的學生，在一次回劍橋做報告時與波耳結緣。1911 年 11 月，波耳便前往曼徹斯特，加入了盧瑟福的團隊。當時的盧瑟福也剛根據自己之前完成的 α 粒子散射實驗，提出了電子繞原子核運動的「行星式」模型。雖然我們現在知道這個模型已接近真相，但那時的盧瑟福就是想破腦袋，都無法回答關於原子的力學穩定問題。

因為根據經典力學，負電子在繞核旋轉時應當不斷輻射出能量。隨著能量的耗盡電子將螺旋式地墜落在核上，原子將發

生坍縮。如果這個模型是對的，那麼我們的整個宇宙早就應該坍縮消失才對。但是事實上，宇宙卻一如既往地穩定。

　　對於盧瑟福的這個原子模型，波耳也再一次發現經典力學的蒼白。於是波耳得出結論：這裡需要拋棄的不是盧瑟福模型，而是經典物理學對它的解析。很明顯「只有量子假說才是逃脫困境的唯一出路」。所以在 1913 年，波耳也提出了自己的新模型，引入了電子在核外的量子化軌道，解決了原子結構的穩定性問題。

　　雖然那時量子論已誕生十幾年，但波耳模型還是因不符合常規思維，遭到眾多保守物理學家的激烈反對。這其中 J.J. 湯姆遜就是最大的反對者之一，甚至還說「這根本就不是物理，只為掩蓋無知罷了」。

　　但是再多的反對也無法阻礙科學的發展。波耳的新模型一出，越來越多的物理學新秀加入原子物理學領域。那時波耳的原子理論才剛起了個頭，量子世界還有許多亟待解決的難題。

　　1921 年，拒絕了恩師盧瑟福的工作邀請，波耳決定創建哥

波耳和他的妻子

本哈根理論物理研究所，繼續深入研究量子力學。而研究所一成立，波耳的人格魅力很快就像磁場一樣，吸引了一大批傑出的青年物理學家。

海森堡、包立、玻恩、狄拉克等量子力學領域的大人物都成名自這個研究所，這就是舉世聞名的「哥本哈根學派」。除了波耳外，這個研究所更是出了 9 位諾貝爾獎物理學獎獲得者，盛況空前。到現在，哥本哈根仍是物理學家的「朝拜聖地」。

如果說，在科學上一個人沒取得的成就，在未來肯定也會有另一個人代替他成功。但是波耳創造的「哥本哈根精神」，卻是無法複製的存在。這是一種在切磋中提高，在爭論中完善，平等無拘束地討論和緊密合作的學術氣氛。通俗點表達，就是要在辯論中，推動量子力學的發展，非常符合波耳的個性與主張。

波耳參加的辯論無數，一個理論就能跟別人辯上個好幾年，甚至是一生。他與自己的徒弟海森堡在「互補原理」上爭論了兩年，即使到最後答案都無法完全統一。

海森堡就曾這樣形容波耳：「他在爭論的對手面前不肯退後一步，而且有絲毫的含糊不清，他都不能容忍。」

不過說起辯論，波耳的一生之敵非愛因斯坦莫屬。愛因斯坦與波耳分別是相對論和量子力學最出名的一對天才。從他們 1920 年第一次見面起，兩人在認識上就發生了分歧。之後兩人便開始了終身論戰，只要一見面必有辯論發生。

「波耳，上帝不會擲骰子！」

「愛因斯坦，別去指揮上帝應該怎麼做！」

1927 索爾維會議（圈中為波耳）

這段經典的對話，便是這場論戰的開端與往後爭論的核心。

愛因斯坦的相對論雖推翻了牛頓的絕對時空觀，但是卻仍保留著嚴格的因果性和決定論。他認為物理學是有規律可循的，這也就是「上帝不會擲骰子」。但是波耳派的量子力學卻更為激進，推倒經典物理的同時，還宣稱人類並不能獲得確定的結果，認為世界都是概率存在的。所以才會有那句，「愛因斯坦，別去指揮上帝應該怎麼做。」

1927 在第五屆索爾維會議上，兩人的火藥味就濃得要嗆倒在場的幾十位世紀最強大腦。那段時間的每天清早，愛因斯坦都會向波耳拋出一個前天晚上冥思苦想出來的思想實驗，想要揭露量子力學的內部矛盾。而波耳幾乎每次晚飯前後，都能把自己的解釋拋回給愛因斯坦，讓他無法反駁。如此反覆多

次，直到索爾維會議結束，愛因斯坦都沒能駁倒波耳。

越來越多的人開始投向波耳派的量子論，但這個「頑固的老頭子」（愛因斯坦語）卻「決不放棄連續性和因果性」。愛因斯坦也不會就此甘休，積澱了 3 年，第六屆索爾維會議上，愛因斯坦就帶著他策劃已久的「光子箱」思想實驗上陣了。他從自己的質能方程（$E=mc^2$）出發，企圖駁倒能量—事件不確定性原理。

愛因斯坦精心策劃的「光子箱」一出，馬上殺了波耳個措手不及。當時波耳的反應雖沒有歷史記錄記載，但走出會場後的波耳卻一直在喃喃自語：「如果愛因斯坦是對的，那麼物理學就完了！」

然而波耳回去思考了一晚上，第二天就給了愛因斯坦有力的一擊。他運用愛因斯坦相對論的紅移效應，反過來用光子箱推出了不確定性原理。這招「以彼之道還施彼身」的巧妙做法，讓愛因斯坦當時也不得不口頭承認量子力學的正確性。

在這之後，愛因斯坦的一生都在嘗試駁倒波耳，但他從未實現過。而波耳的理論雖然一直占上風，但他卻無論如何都無法說服愛因斯坦。

這兩位 20 世紀最偉大的科學家，就這樣一生都未曾停止過相互辯論。就算愛因斯坦逝世後，已少有人能與波耳爭論，但在波耳心中他與愛因斯坦的爭論仍在繼續。1962 年，波耳去世時，他工作室的黑板上，仍然畫著當年愛因斯坦光子箱的草圖。

不過雖然他們終生都在爭辯，但卻絲毫不影響兩人的友誼。波耳曾這樣評價與愛因斯坦的爭論，認為這是自己「新思

想產生的源泉」。而愛因斯坦也這樣評價波耳：「他將大膽和謹慎兩種品質難得地融合，無疑是我們科學領域最偉大的發現者之一。」

人類社會中，可能幾百年才能出一個像愛因斯坦這樣的天才。但是，如波耳這般敢於挑戰權威，又不斷在鞭策中前進的人物，亦必不可少。

無論誰離開了誰，這條量子銀河都會變得黯淡無光。

參考資料：

◎ 曼吉特‧庫馬爾著，包新周等譯，《量子理論：愛因斯坦與波耳關於世界本質的偉大論戰》. 重慶出版社 .2012 年 .20-25.

第六章
遲到 50 多年的諾貝爾獎

很多年前，20 出頭的楊振寧和李政道在芝加哥大學參加了一個天體物理學高級研討班。但是讓人覺得奇怪的是，整個教室只有 3 個人：除了楊、李兩位學生外，第三人就是老師——錢德拉塞卡博士。

雖然只有兩位學生，但這位來自印度的錢德拉塞卡先生仍堅持備課上課。無論颱風還是下雨，他每週都會驅車幾百里趕來，給這兩位求知若渴的學生授課。

倘若不是十年前台上那場無情的嘲弄，現在台下應該也是座無虛席的情景。

剛從印度到英國，才 20 出頭的他就得出了諾貝爾獎級別的推論，現在被稱「錢德拉塞卡極限」[*]，是天文物理學中最重要的概念之一。但是在每天都與諾獎人物擦肩而過的劍橋，他的成果卻一直被權威抨擊、打壓和漠視，竟無一人認可他的研究。

他教過的楊、李兩位學生，早已捧得諾貝爾獎，但他還是

---

[*] 錢德拉塞卡極限（Chandrasekhar Limit），以印度裔美籍天文物理學家蘇布拉馬尼揚·錢德拉塞卡命名，是無自轉恆星以電子簡併壓力阻擋重力坍縮所能承受的最大品質，這個值大約是 1.44 倍太陽品質，計算的結果會依據原子核的結構和溫度而有些差異。

一如既往地被遺忘。到兩鬢斑白的 73 歲，錢德拉塞卡才因 20 歲時提出的概念，獲諾貝爾物理學獎。

1910 年蘇布拉馬尼揚·錢德拉塞卡出生在英屬印度的旁遮普地區。他出身貴族，家境優渥，叔父拉曼更是 1930 年的諾貝爾物理學獎得主。良好的教育，再加上數學和物理學方面的天賦，錢德拉塞卡從小就有神童之譽。1930 年大學畢業後，他便獲得了印度政府的獎學金，前往英國繼續深造。

那時候從印度到英國，需要 18 天的海上航行。從小就是「學霸」的錢德拉塞卡，沒有浪費這漫長的航程，進行了一項關於恒星演變命運的計算。

當時的主流觀點是，所有恒星都會在晚期坍縮成白矮星。通俗點說，白矮星就是恒星的最終歸宿。但白矮星這種天體有一個特點——密度大到不可思議，每立方釐米的品質就可能達到一噸。所以關於白矮星的這種「緻密物質」狀態，也是科學家們難以理解的謎題。

當時錢德拉塞卡手上有一篇福勒關於白矮星「緻密狀態」解釋的論文。

根據費米 - 狄拉克統計，福勒解釋道：

在這種緻密狀態下，電子會被「壓」到原有可活動空間的 1/10000 的「格子」中，被稱為「電子簡併態」。這種狀態產生的「簡併壓力」非常大，大到可以抵抗引力的收縮。

福勒這一解釋得到了當時主流科學界的認同，完美地揭開了白矮星為何擁有如此高密度的謎底。作為後輩的錢德拉塞卡雖然對這一結論沒有異議，但這漫長的旅途實在是百無聊賴，他不自覺地就拿起筆來，試圖將愛因斯坦的相對論引入福勒的

論文中，想要求出一個更加簡潔的相對論推廣。

不算不知道，一算嚇一跳。

經過多次重複推演和計算後，錢德拉塞卡發現並不是所有恒星都能演化成白矮星，這個過程有一定的品質極限。當恒星超過 1.44 倍的太陽品質，白矮星將不是它們的最終歸宿，反而會因引力繼續坍縮。

在搖晃的船艙裡，錢德拉塞卡看著 1.44 倍這個數字，心裡是既驚又喜。因為他明白這種結果，對所有的天體學家來說，衝擊力都不亞於一場革命。

現在我們都知道，恒星除了白矮星這一最終狀態外，還有中子星和黑洞。中子星比白矮星的密度大得多，每立方釐米的品質可達八千萬噸至二十億噸，而黑洞的密度自然就不必說了。那時人們對中子星和黑洞可以說是一無所知。但如果沿著錢德拉塞卡的推論計算，中子星和黑洞兩個概念會比現實早 20 到 30 年進入天文物理學。

一到英國劍橋，錢德拉塞卡就逐步完善自己的推論，心心念念地想早日將此推論公布，功成名就。但讓錢德拉塞卡萬萬沒想到的是，他的推論竟遭到了難以想像的漠視和瘋狂抨擊。而且對他打壓得最嚴重的一位，竟是當時自己的恩師愛丁頓爵士。

那時候，愛丁頓是科學界的偉人，舉手投足間都散發出一種「我很厲害」的氣場。他首次提出恒星的能量來源於核聚變，還發現了自然界密實物體發光強度的極限，被命名為「愛丁頓極限」。相對論剛提出時，愛丁頓更是第一位理解愛因斯坦新理論的物理學家。

此外，他還帶領觀測隊，透過觀察日全蝕時太陽邊緣星體的位置變化，證明了愛因斯坦的理論，他也是相對論最有力的推廣者。他們的友誼，還被拍成了電影《愛因斯坦與愛丁頓》。當記者問愛丁頓全世界是否只有 3 個人真正懂得相對論時，愛丁頓的回答也毫不謙虛，反問道「誰是第三個人？」就是這麼強，不允許反駁。

　　如果錢德拉塞卡的推論直接被駁回倒也還好，但愛丁頓卻玩起了小把戲。愛丁頓是錢德拉塞卡的老師，關於錢德拉塞卡的研究他可以說是知根知底。為了幫助他，愛丁頓還把自己的手搖電腦借給錢德拉塞卡，時不時前來探訪，看他白矮星的計算進行到什麼程度。在愛丁頓為他爭取到皇家天文學會會議發言權時，連錢德拉塞卡自己都覺得順利得不可思議。

　　1935 年在英國皇家天文學會會議上，錢德拉塞卡躊躇滿志地把自己關於白矮星的發現公之於眾。他的結論很明確：「一顆大品質的恒星不會停留在白矮星階段，我們應該考慮其他的可能性。」當時他幾乎已說出現在黑洞的概念：「恒星會持續坍縮，這顆星的體積會越變越小、密度越來越大，直到……」

　　但自信地宣讀完論文的錢德拉塞卡，怎麼也想不到接下來要面對一場巨大的羞辱。愛丁頓剛開始還很平和地說著白矮星的研究歷史，但說到錢德拉塞卡的推論時卻把它批得一文不值：「這幾乎是相對論簡併公式的一個謬論，可能會有各種偶然事件介入拯救恒星，但是我認為絕不會是錢德拉塞卡博士所說的方式，應該會存在一個自然律來阻止恒星這麼荒謬的行為！」

　　「錢德拉塞卡博士提到了簡併，還認為存在著兩種簡併：

經典的和相對論的⋯⋯但我的論點是：根本不存在相對論簡併。」

說到激動處，愛丁頓還當場把他的論文撕成了兩半。聽著愛丁頓的發言，看到他的舉動，錢德拉塞卡非常震驚。

他事先並不是沒有和愛丁頓討論過，為什麼到了台上愛丁頓才展開這麼猛烈的攻勢，沒有給他留任何餘地。他想反駁，但是主持人不但沒給他機會，還讓他感謝愛丁頓的「建議」。錢德拉塞卡雖然沮喪，但他事後還是向大人物愛丁頓發起了持續多年的挑戰。

當時的皇家天文學會會員全都不假思索地支持愛丁頓，會後很多人都對錢德拉塞卡表達了一樣的觀點：「儘管不知道為什麼，但我知道愛丁頓是對的。」

原因很簡單，年過半百的愛丁頓威望名氣很大，而錢德拉塞卡只不過是個 24 歲的無名小卒。錢德拉塞卡知道他們爭論的是一個物理問題，天文圈子裡懂的人太少太少，於是他轉向求助波耳、包立這些量子力學大師。他們讀過錢德拉塞卡和愛丁頓的論文後，都選擇相信錢德拉塞卡，認為愛丁頓不懂物理。

遺憾的是，他們都不願意公開發表聲明對抗愛丁頓，避免牽扯到這場實力懸殊的戰爭中。這場爭論持續了好幾年，錢德拉塞卡的處境也越來越不利。被愛丁頓公開抨擊多次，他幾乎無法在英國覓得一職，最後只好來到美國芝加哥大學另尋出路。

到了美國，他落寞地把「錢德拉塞卡極限」寫進《恒星結構研究引論》後，便放棄了這一課題的研究。在這之後，他選

擇了一種與眾不同的科研之路。他選擇的研究總是脫離熱點，遠離大眾視線，而且幾乎每 10 年他都會改變方向，投入新的研究領域。

恒星內部結構理論、恒星動力學、大氣輻射轉移、磁流體力學、廣義相對論應用、黑洞的數學理論等，都有他深入的研究成果。特別是 1969 年出版的《平衡橢球體》，更是解決了困擾眾多數學家近一個世紀的難題。

不過，這只要做出了成績，便不再停留的科學研究作風，或許還是與當年那場讓人心寒的爭論有關。

用錢德拉塞卡的話說是這樣的：「每 10 年投身於一個新的領域，可以保證你具有謙虛精神，你就沒有可能與年輕人鬧矛盾，因為他們在這個新領域裡比你幹的時間還長！」

紀念錢德拉賽卡（2011）

1983 年，錢德拉塞卡因 20 歲時迸發的天才理論，被授予諾貝爾物理學獎。50 多年過去，事實也證明了愛丁頓是錯的，錢德拉塞卡是對的。即使當初絕望的情景還歷歷在目，但在那一刻，誰對誰錯已經顯得不那麼重要了。其實早在 1944 年愛丁頓去世時，錢德拉塞卡已經選擇了原諒愛丁頓。從錢德拉塞卡給愛丁頓的訃告中就可以看出。他對愛丁頓仍給予極高的評價，稱讚他是僅次於史瓦西的最偉大的天文學家。他認為「當初愛丁頓的激烈抨擊並不是出於個人動機，更多的是一種高人一等、貴族氣派的科學觀和世界觀」。

　　成功，有時會帶來傲慢的態度。有些成功過的人，總會以為科學給自己開了後門，並認為這絕對正確，不可置疑。但真理總會來臨，並且永遠會比權威科學家更強而有力。

參考資料：

◎ 卡邁什瓦爾·C·瓦利著，何妙福，傅承啟譯.《孤獨的科學之路》[M].
　　上海科技教育出版社.

第七章
冥王星守護者

　　如果成立一個太陽系行星偶像團體，那麼九大行星中，冥王星必然是人氣最高的一位。雖然 2006 年，冥王星已被驅逐出了九大行星家族，慘遭「降級」為矮行星，但它的人氣卻絲毫未減，反而急速飆升。儘管冥王星已被踢出「家門」多年，但科學家組成的「冥王星護衛隊」，仍不放棄為其正名。

　　這其中，最執著的莫過於天體學家艾倫・斯特恩（Alan Stern）。現在談起冥王星被「降級」的事，他依然感到無比憤怒。他將這個決定形容為「愚蠢的」，「這不僅在科學上是錯誤的，在教育意義上也是錯誤的」。

　　這些毫不留情面的譴責，可得罪了不少同事與同行。不過，作為一名忠誠的冥王星捍衛者，他彷彿沒顧慮那麼多。有人說斯特恩太偏激，但如果瞭解他為冥王星傾注的一生心血 ──「新視野號」，便能理解他

艾倫・斯特恩

的執著了。

　　「新視野號」是史上第一個冥王星探測器，以週期長、部門小、經費少且難度係數極高著稱。此外，這次行動可謂一波三折，多次慘被攔腰截斷。斯特恩帶著團隊又是遊說，又是募捐，又是簽名請願，反正各種「招式」都使盡，才使計畫在艱難中開展。

　　排除萬難，經過 26 年的探索與堅持，「新視野號」才成功掠過冥王星，帶回珍貴的資料。這無疑是最艱難卻又最令人熱血沸騰的「追星」計畫了。

　　「Pluto」是羅馬神話中的冥神，傳說中他可以隱身，使自己難以被發現。在現實中，冥王星「Pluto」也是這樣一個存在。到 1930 年，克萊德‧湯博才靠超越常人的細心，發現了這顆距日極遠、光芒暗淡的行星。這距離人類上一次確定太陽系的最遠行星──海王星（1846 年發現），已有近百年歷史了。

「新視野號」探測器所拍攝的冥王星照片

雖然，冥王星自此取代了海王星，但因位居太陽系邊緣，人類對它的好奇彷彿也就停滯了。它就像九大行星中的「孤兒」，在寒冷、空曠且漆黑的太陽系邊緣孤獨地運行著。就連當年的「旅行者 2 號」跟冥王星擦肩而

過，都懶得回頭看它一眼。

1989 年，「旅行者 2 號」在拍了一組海衛一的清晰照片後，本可「順便」拜訪一下冥王星。但由於項目科學家對冥王星完全沒興趣，便命令「旅行者 2 號」直接朝銀河系深處奔去了。

然而在冥冥之中，這顆看上去總被忽視的行星，卻有著不一般的好運氣。1989 年，冥王星抵達了近日點，它彷彿在召喚著人類前往探索。因為只要在冥王星遠離太陽的過程中，利用木星的重力，就能讓航天器少花費幾年的航行時間。如果錯過了這次機會，則需要等下一個兩百年（冥王星繞太陽一圈要花費 248 個地球年）。除此之外，1992 年，天文學家首次在柯伊伯帶（Kuiper Belt）發現一顆小行星。

早在 1951 年，美國天文學家傑拉德・柯伊伯就推測，在太陽系的邊緣還存在著一個由天體組成的區域。只是這個區域（柯伊伯帶）離地球太遠，受到的太陽輻射十分有限，所以這些沉浸在黑暗中的小天體很難被觀測到。之後隨著科技的發展，在第一顆小行星被發現後，柯伊伯帶的其他小行星就陸續被發現了。

天文學家預計，這一區域的小行星總量可能超過 10 萬顆。

如果說，一顆冥王星無法激起科學家們的探索興致，但探測冥王星外，再附帶探測一下附近神祕的柯伊伯帶，效果就完全不一樣了。所以天文學家便開始疾呼，迫不及待地想啟動冥王星計畫了。當時在攻讀博士學位的艾倫・斯特恩就是個行動派，對探索冥王星最為積極。

雖然沒有官方組織在背後支撐，但斯特恩還是與一群年輕人自發組成了一個研究小組，這個小組後來被戲稱為「冥王星

地下黨」。

　　當時，這群「追星黨」就常聚在一起探討冥王星計畫。在星體互掩時繪製的第一張冥王星圖像，和靠哈伯望遠鏡第一次觀測到冥王星地表，都有他們的功勞。在 20 世紀 90 年代末，NASA 探索冥王星的計畫「冥王星—柯伊伯快車」就被提上了議程，計畫在 2004 年發射。

　　然而沒過多久，NASA 就宣布計畫取消，原因竟是研製經費超支了。消息一出，「冥王星地下黨」變身為「冥王星護衛隊」，與眾多天文學家表示強烈抗議並開始四處遊說。當時，美國行星學會甚至還發起了一個「拯救冥王星計畫」，最終說服了 NASA。

　　但為了縮減經費，NASA 只能舉行一次方案徵集競賽，要求花費不超過 5 億美元，且 2015 年前飛抵冥王星。這個消息讓斯特恩精神為之一振，作為「冥王星地下黨」的一員，他可不會放過這千載難逢的機會。斯特恩馬不停蹄地帶領著他所在的西南研究院團隊，開始了申請與籌備的工作。

　　只是 NASA 開出的條件，對斯特恩領導的團隊實在苛刻。

　　設計方案是一再改進簡化，甚至連租用最便宜的俄羅斯運載火箭都考慮在內，仍遠遠超出 NASA 給出的經費範圍。當時，他的對手是 4 家著名的科研機構。其中噴氣推進實驗室（JPL）可謂是最大的勁敵，曾成功探索過除冥王星外的太陽系七大行星，深受官方信任。

　　就在斯特恩陷入困境之際，約翰·霍普金斯大學應用物理實驗室（APL）找到了斯特恩。此團隊本是斯特恩的競爭對手，但卻同樣陷入困頓，現希望與他聯手，結盟打敗 JPL 拿下冥王

星計畫。

　　兩個團隊的合併迸發出了前所未有的火花，最終成本被壓縮到可以接受的 7 億美元。作為項目的領導人，斯特恩也給他們的探測器取了一個充滿寓意的名字——「新視野號」（New Horizons）。

　　然而，就在斯特恩團隊勝利在握時，NASA 卻無能為力了。因為當時美國總統布希推出了新的財政預算案，宣布取消冥王星計畫，轉向扶持木衛二任務。當時，為了探索神祕的冥王星，無論是 JPL 還是新視野團隊，都暫時不計前嫌地共同遊說熟識的議員，最終，國會通知 NASA，必須繼續冥王星探索計畫。經過一番角逐，NASA 終於在 2001 年 11 月 29 日宣布：新視野團隊打敗勁敵 JPL 團隊。新視野團隊這個花錢最少、儀器最精簡的方案成功拔得冥王星計畫頭籌。

　　然而，勝出僅意味著挑戰剛剛開始。

　　因為誰也想不到，僅過了 3 個月，布希政府就再次出爾反爾地取消了冥王星探索計畫。但這能難倒斯特恩嗎？雖然他「反對把冥王星計畫和推銷相提並論」，但他確實從小就是個推銷高手，極善於表達。

　　這一次，斯特恩為了冥王星決定尋求全球人民的幫助，向世人「推銷」這次計畫。他們建立了一個請願網站，用 8 種國際常用語言，懇求全球人民「為地球發聲」，「為冥王星發聲」。

　　在斯特恩的遊說下，該網站最終收集了 1 萬多個簽名。連美國國家科學院都伸出援手，將探索冥王星及其所在的柯伊伯帶列為最優先的探索任務之一。經過一年多的拉扯，政府才在

2003 年 2 月正式敲定「新視野號」的探索項目。

「新視野號」的發射時間需控制在 2006 年 1 月 11 到 27 日。因為從 20 世紀 70 年代起，美國太陽系的探索計畫就普遍採用木星「借力」的方法。在穿越木星軌道時，利用木星清空軌道的巨大力量，讓探測器等被其「甩」出去獲得新的加速度。在 27 日以後，「借力效果」將大幅減弱。如 1 月 29 日發射，就要比計畫晚近一年到達目的地；如晚於 2 月 2 日，則完全無法「借力」木星，要足足 12 年才能抵達冥王星。

此時，距離探測器發射升空的最佳時間，只剩不到 3 年時間了。比起「旅行者 2 號」的 12 年，「新視野號」的這點時間根本不夠用。

看著斯特恩拼盡全力拿下的專案，很多人反而嘲笑道：「這不可能完成。」話音未落，2004 年底，鈽－238 的儲量不足，差點又使整個計畫流產。因為要遠離太陽，探測器無法依靠太陽能供電，需搭建一個小型核反應爐。還是斯特恩一輪又一輪地緊急遊說，才從其他項目中挪用到了鈽－238。

除此之外，多災多難的「新視野號」就算是到了萬眾矚目的最後發射時刻，也沒少發生狀況。第一次是地面突刮強風，第二次是控制中心斷電，使發射兩度推遲。直到第三次發射，斯特恩和無數冥王星粉絲才順利地與「新視野號」揮手告別。

後來斯特恩回憶時感歎道：「如果『新視野號』是隻貓，那它可能已經死了——因為就算是貓也只有 9 條命而已。」

飛行了整整 9 年，「新視野號」一步步靠近冥王星。2015 年 7 月 14 日，探測器終於發回了那張讓全世界為之沸騰的經典照片。原來一向被認為寒冷、孤僻的冥王星，其實是一個「手

捧愛心的萌物」。不過，考慮到成本問題，「新視野號」對冥王星匆匆一望後便繼續向更深的柯伊伯帶前進。

2019 年 1 月 1 日，「新視野號」飛掠了「天涯海角」（Ulima Thule）[*]，創造人類探測器拜訪過最遠距離天體的新紀錄。

從 1990 年到 2015 年，斯特恩將生命中最黃金的 25 年，都獻給了冥王星。為了冥王星，他幾乎付出了職業生涯的全部。不過「新視野號」這一路過來的曲折和磨難，在斯特恩眼裡都不算什麼。因為最讓他惱火和始料未及的，還在後面。

2006 年 8 月 24 日國際天文聯合會（IAU）投票現場，只有 428 人參與，而整個 IAU 共有一萬名會員。「新視野號」剛飛離地球不久，IAU 就通過投票方式，將冥王星「踢出」九大行星。冥王星從此變成了編號為 134340 的「矮行星」，地位一落千丈。而且根據 IAU 的定義，「矮行星」並不能算是行星。當時斯特恩就將這個決定形容為「極度愚蠢的」、「錯誤的」、「可笑的」和「胡說八道的」。他反問道：「如果矮行星不能算行星，那麼吉娃娃就不算是狗了？」

更諷刺的是，斯特恩早在 20 世紀 90 年代就使用了「矮行星」一詞。他完全想不到，這竟成了對手打壓冥王星的論據。從 2006 年年底起，斯特恩就為冥王星的地位四處奔走，可謂操碎了心。

他曾多次組織科學家們上訴和提案，要求 IAU 修改行星

---

* 天涯海角（Ultima Thule）：這顆小天體最初的編號是（486958）2014 MU69，經過公眾意見徵集後，它得到了一個非正式名稱「天涯海角」（Ultima Thule）。這是拉丁文，意思是「已知世界之外的地方」。

的定義，最近一次是在 2017 年的 2 月。而且這些年來，他對冥王星的執念和近乎偏執的追求，已經得罪了不少同行。

2006 年「新視野號」發射前，2015 年「新視野號」到達冥王星後，說艾倫・斯特恩是地球上最愛冥王星的人，是絲毫不誇張的。他這一生對冥王星的癡狂，使得身邊的人都稱呼他為冥王星先生（Mr. Pluto）。

是他的不放棄，才讓我們領略到這更廣闊而又具有人情味的美麗。

第八章
拯救了一個國家的小職員

2012 年 8 月 31 日，德國西部城市施托爾貝格，人們的眼睛緊緊盯著那座剛剛揭幕的銅像，眼睛裡有壓抑不住的悲傷。這是一座叫作「生病的孩子」的銅像，銅像的左邊是個孩子，沒有四肢，只能倚靠著一張椅子，而右邊的椅子上則空空如也。銅像底座中間寫著：「紀念那些死去的和倖存的沙利度胺受害者。」

沙利度胺造成了 1 萬多名孩子畸形以及不計其數的流產、死胎。曾經的沙利度胺生產商——格蘭泰的首席執行官在揭幕儀式上說：「對我們在近 50 年間沒有找到你們每一個人的聯繫方式，我們請求原諒。」

建立紀念銅像，在眾多閃光燈面前道歉，這看似誠懇的揭幕式卻只引來了一片罵聲，眾多沙利度胺受害者在室外舉行示威抗議。

日本的沙利度胺受害人聯合會失望地吶喊：「為什麼不及時停止銷售藥品！」而在澳大利亞，沒有人能夠接受格蘭泰公司的道歉。確實，對於 1.2 萬受害者來說，這份道歉來得太晚，也太沒有誠意。

沙利度胺，或許這個名字聽起來有些陌生，不過它還有另一個家喻戶曉的名字——反應停。藥史上最著名最重要的《科

夫沃－哈裡斯修正案》，與沙利度胺脫不了干係。它曾經受到廣大孕婦的熱烈追捧，風靡歐洲。

作為一種「沒有任何副作用的抗妊娠反應藥物」，沙利度胺成為「孕婦的理想選擇」，可它卻沒能如其所願進入美國，讓經銷商怒火中燒。當海豹肢症開始爆發性地出現，當沙利度胺奪去了上萬嬰兒的健康與生命，美國的人們才恍然大悟，紛紛為那位阻止沙利度胺上市的 FDA（美國食品藥品監督管理局）女英雄獻上鮮花。

曾經，她一個人，頂住了整個美國醫藥界與婦女界的壓力，阻止了一場全國性的悲劇。如今，除了 FDA 之外，世界幾乎已經將她遺忘。

弗朗西絲·奧爾德姆·凱爾西（Frances Oldham Kelsey）——她是 FDA 的一位普通職員，更是一位英雄。

弗朗西絲 1914 年出生於加拿大。開明的父母從小就把她當男孩子養，希望她能和她的哥哥一樣接受良好的教育。得益於此，她沒有早早地離開學校，而是一路順利地讀書升學。當她在麥吉爾大學讀完了碩士，想要繼續深造的她陷入了兩難境地。申請博士和求職沒有什麼兩樣。可那個時候，社會上還沒有現在的男女平等一說，女性在求職的時候總會遇到各種各樣的歧視。

在導師的建議與鼓勵下，弗朗西絲給藥學方面的權威、芝加哥大學藥學系的主任尤金·蓋林寫了一封信，申請當他的助手。出乎弗朗西絲意料的是，蓋林很快給她回了信。

欣喜的弗朗西絲激動地打開了回信，卻看到上面寫著，

「親愛的奧爾德姆先生……」

身為那個時代的女性，弗朗西絲還是很幸運的，幸運之處在於，她的名字弗朗西絲（Frances，用於女性）經常被誤讀成法蘭西斯（Francis，用於男性），比如沒認真看名字的蓋林先生，就誤把她當成了男性。

將錯就錯，弗朗西絲來到了芝加哥大學，開始了她的第一份工作。1937 年，美國爆發了磺胺酏事件（20 世紀影響最大的藥害事件之一，導致 107 人死亡，其中大部分為兒童）。作為蓋林的助手，弗朗西絲參與了磺胺酏事件的調查，研究磺胺酏的毒理。

24 歲那年，弗朗西絲拿到了自己的藥理學博士學位，畢業後，她留在了芝加哥大學任教。1939 年，「二戰」爆發，像其他藥理學家一樣，弗朗西絲也致力於尋找能夠治療瘧疾的化合物。在研究中她發現，有一些化合物竟然能通過胎兒的保護傘──胎盤屏障。

胎盤屏障是胎盤絨毛組織與子宮血竇間的屏障，胎盤是由母體和胎兒雙方的組織構成的，由絨毛膜、絨毛間隙和基蛻膜構成。雖然這個發現與她正在做的研究關係不大，可卻讓她對藥物有了新的認識。

在芝加哥大學任教期間，弗朗西絲遇到了她的真命天子。她嫁人、生子，將生活的重心都轉移到了家庭上。1960 年，46 歲的弗朗西絲成了 FDA 雇員，這是一份典型的公務員工作，職務穩定，待遇也不錯，弗朗西絲就是為了養老而去的。家庭美滿，工作穩定，如果不是因為沙利度胺，或許弗朗西絲不會在歷史上留下一絲一毫的痕跡。

弗朗西絲在 FDA 的藥物審查部門，當時的 FDA 對藥物的審查遠不及今日嚴格。她的辦公室裡，負責藥物審查的只有 7 名全職醫師和 4 名年輕的兼職醫師。不到一個月，弗朗西絲便接到了她的第一項任務，一份商品名為 Kevadon 的藥品進入市場的申請書。

　　這是德國格蘭泰藥廠 Chemie Grünenthal 研製的一種新藥——沙利度胺（Thalidomide）。格蘭泰藥廠偶然發現這種藥物具有中樞抑制的作用，在孕婦晨起嘔吐和噁心方面也有很好的抑制作用。對於廣大的孕婦來說，這可是天大的好事。每天早上都吐得翻天覆地，早就把她們折磨得快受不了。

　　這種「沒有任何副作用的抗妊娠反應藥物」，真是來得太及時了。很快，歐洲一些國家，以及加拿大、日本、澳大利亞……沙利度胺以「反應停」的通用名風靡了大半個地球，沙利度胺的熱銷也讓美國的醫藥公司看到了商機。梅里爾公司很快拿到了格蘭泰公司的許可，成了美國的代理商。

　　梅里爾公司很快就寫好了呈遞給 FDA 的申請書，那時候的藥物審查就是走個過場，基本不會從嚴把關。可弗朗西絲在看了一篇梅里爾公司的申請後，卻毫不留情地把申請打了回去。

　　原來，她看到梅里爾公司是以「治療孕婦晨起嘔吐和噁心」為名申請上市，可她還在芝加哥大學研究抗瘧疾藥物的時候，她就發現有些藥物是可以通過胎盤影響到嬰兒的。而作為一位母親，她對於孕婦的用藥安全十分關注，也很謹慎。

　　梅里爾公司提交的申請報告裡根本沒有孕期婦女使用後副作用的實驗資料，雖然動物實驗的資料沒有問題，但考慮到

人體與動物對藥物的反應可能存在差異，僅提供動物實驗資料並不嚴謹。弗朗西絲當即要求梅里爾公司提供更可靠的資料。

收到退回申請的梅里爾公司簡直要氣炸了，這種走個過場的事情，她非要較真兒。這樣的申請一貫就是大筆一揮了事，可這個新來的雇員怎麼那麼較真。

梅里爾公司只好自認倒楣，把自己做的歐洲的動物試驗和臨床試驗資料送到了FDA。還在美國找了1200位醫生，分發了250萬片沙利度胺，給超過2萬人服用。

可弗朗西絲仍然不滿意，她堅持認為沙利度胺可能會對胎兒有影響，而梅里爾公司的實驗資料只能證明沙利度胺對孕後期的孕婦沒有影響，卻沒有對孕早期婦女的研究。

梅里爾公司無可奈何，只好給弗朗西絲的上司施加壓力。公司控訴弗朗西絲太固執，不懂變通，還說FDA太官僚，辦事效率低下。婦女權益組織也紛紛向她施壓，認為她不應該阻擋這一救女性妊娠反應於水火的良藥上市。

可即便有著如此巨大的壓力，儘管梅里爾公司先後6次提交了申請，弗朗西絲仍然沒有批准沙利度胺的上市。沒有經過完整的副作用實驗，這種藥就是不可以上市！她要的只有兩個字——安全。

1961年12月，就在弗朗西絲與梅里爾公司僵持不下的時候，一件意想不到的事情發生了。澳大利亞的一位醫生——威廉・邁克布里德發現，原本十分罕見的海豹樣肢體畸形在最近幾年卻頻頻出現，而自己救治的幾個海豹樣肢體畸形的幼兒的媽媽們都曾經在懷孕期間服用過沙利度胺。

海豹肢畸形又稱反應停綜合征，是一種常染色體隱性遺傳

病，其特徵是肢體畸形和顏面部畸形同時存在，可合併有小頭畸形及宮內生長遲緩。肢體畸形為海豹肢樣（臂腿缺如，手足直接與軀幹相連）或較海豹肢畸形為輕，上肢較下肢更嚴重。

他懷疑，這種肢體畸形與沙利度胺有關係。與此同時，歐洲地區的醫生也發現海豹樣肢體畸形的發生與沙利度胺的銷量有關係。而隨後的病理學實驗表明，沙利度胺對靈長類動物有很強的致畸性。

沙利度胺有兩種異構體，其中一種（R-）異構體有鎮靜作用，另一種（S-）異構體則有強烈的致畸性。S- 異構體會導致胎兒發育異常。

這個發現引起了人們的憤怒，沙利度胺一下子成了眾矢之的。

格蘭泰公司迅速收回了市場上所有的產品，梅里爾公司也將使用的幾百萬份藥片收回。儘管已經迅速收回，但世界上還是出現了 1 萬多名海豹樣肢體畸形的孩子。在沙利度胺沒能上市的美國，也出現了 17 名畸形兒。因為沙利度胺而造成的流產、早產、死胎更是不計其數。

在後來的研究中發現，孕婦懷孕時末次月經後第 35 到 50 天是反應停作用的敏感期：

在末次月經後第 35 到 37 天內服用反應停，會導致胎兒耳朵畸形和聽力缺失；

在末次月經後第 39 到 41 天內服用反應停，會導致胎兒上肢缺失；

在末次月經後第 43 到 44 天內服用反應停，會導致胎兒雙手呈海豹樣 3 指畸形；

在末次月經後第 46 到 48 天內服用反應停，會導致胎兒拇指畸形。

除了可以導致畸胎，長期服用反應停可能還會引起周圍神經炎。

在這場幾乎席捲了全世界的災難裡，有兩個國家，幾乎沒有受到影響。一個是中國，一個是美國。中國是由於當時複雜的環境，根本無從關注這些事情。而美國，則是因為有她——弗朗西絲。

1962 年 7 月 15 日，《華盛頓郵報》的一篇文章報導了弗朗西絲的事蹟。一夜之間，這個默默無聞堅持己見的 FDA 雇員成了美國家喻戶曉的英雄，拿到了美國公務員的最高榮譽——傑出聯邦公民服務總統獎。10 月，美國通過了《科夫沃－哈裡斯修正案》，FDA 作為食品藥品監管部門，逐漸走上了正軌。

過去，關於藥品和治療方法的審批，都基於臨床醫生與專家的意見。而如今，任何的意見都不作數，只有科學實驗，大量的、

弗朗西絲與美國第三十五任總統約翰·F·甘迺迪

充分的、完善的科學實驗才是藥品與治療方法審批的通行證。

2005 年，在 FDA 工作了 45 年的弗朗西絲退休了。2010 年 FDA 以她的名字設立了凱爾西獎。她成了美國婦女名人堂裡的一員，她的家鄉有以她名字命名的高中，小行星 6260 也以她的名字命名。

可她，只是做好了自己崗位上應該做的事情。2015 年 8 月 7 日，弗朗西絲在加拿大逝世，享年 101 歲。她的智慧與堅持，阻止了一場悲劇的發生。頂著整個醫藥界與婦女界的壓力，她毫不畏懼。這個普普通通的 FDA 職員，為那些忽視藥物安全的人，敲響了警鐘。

堅守科學與良心的底線，她保護了人們免受更大的浩劫。

第九章
一個純粹的數學家

2006 年 8 月 22 日，3000 多名數學家齊聚馬德里，參加第 25 屆國際數學家大會。所有數學界的人都迫切地想要見到那位俄羅斯數學天才，他證明了困擾數學界 100 年的龐加萊猜想。龐加萊猜想最早是由法國數學家龐加萊提出的，是克雷數學研究所懸賞的七大「千禧年大獎難題」之一。

西班牙國王胡安·卡洛斯一世在會上宣布當年的菲爾茲獎得主後，場上一片寂靜，原來那位數學天才並沒前來領獎。但片刻後會場仍爆出經久不衰的掌聲，向那位缺席的數學天才致以最崇高的敬意。

國際數學家大會是由國際數學聯盟主辦的全球性數學學術會議。會議的主要內容是進行學術交流，並在開幕式上頒發菲爾茲獎、奈望林納獎、高斯獎和陳省身獎章。其中，菲爾茲獎被認為是年輕數學家的最高榮譽，和阿

格里戈里·佩雷爾曼（1966一）

貝爾獎均被稱為「數學界的諾貝爾獎」。

如果說數學家是一群古怪的人，那麼這個俄羅斯天才就是這群人中性格最古怪的一個，他就是格里戈里·佩雷爾曼。

佩雷爾曼是個傑出的數學天才，他因證明了「龐加萊猜想」而聞名於世。全球數學界的同行花費了兩年時間才看懂他的證明，佩雷爾曼成為解決「千禧年大獎難題」第一人，他也因此被學界委員會評定為「菲爾茲獎」獲得者。

然而，令人不解的是佩雷爾曼拒絕領取上述兩項大獎，光是「千禧年大獎難題」獎金就高達 100 萬美元，面對眾多數學同行一輩子可望而不可即的至高榮譽，佩雷爾曼顯得不屑一顧。他似乎不願被世俗的喧囂干擾他研究的淨土。

「龐加萊猜想」是法國數學家龐加萊於 1904 年提出的一個數學猜想，該猜想表述為「任一單連通的、封閉的三維流形與三維球面同胚」，簡單來說就是，任何一個沒有破洞的三維物體，都拓撲等價於三維球面。

一個粗淺的比喻就是，如果我們伸縮任意圍繞柳丁表面的橡皮筋，那麼我們總是可以既不扯斷它，也不讓它離開表面，使它慢慢移動收縮為一個點。另一方面，如果我們想像同樣的橡皮筋以任意的方向被伸縮在一個甜甜圈表面上，那麼不扯斷橡皮筋或者甜甜圈，存在無法不離開表面而又收縮到一點的情況。

「龐加萊猜想」是數學界無數人渴望登頂的高峰，但自提出以來很多數學家終其一生也未能予以證明。直至 2002 到 2004 年佩雷爾曼的 3 篇論文宣告了「龐加萊猜想」的終結。「龐加萊猜想」作為千禧年大獎難題之一，它的破解極可能為密碼

學以及航太、通信等領域帶來突破性進展。

1966 年，佩雷爾曼出生於蘇聯的一個猶太家庭，母親是小學裡的數學教師，這或許為他數學天分的成長創造了條件。當時的蘇聯反猶太主義盛行，面對這種現實環境，佩雷爾曼的母親並沒有把真實世界告訴年幼的佩雷爾曼，而是把自己頭腦中的正確世界教導給他。

母親的教育塑造了佩雷爾曼終生極其正直的性格，佩雷爾曼生活在一個母親幫助下建立起來的想像世界中，在這個世界裡規矩就是規矩，誰也不能違背。

母親日漸發現佩雷爾曼的數學天分，在佩雷爾曼 10 歲那年，她帶著佩雷爾曼來到了列寧格勒（即今聖彼德堡）數學導師的辦公室，希望佩雷爾曼的數學天分能夠在那裡進一步得到培養。就這樣，佩雷爾曼正式推開了數學世界的大門。

在日復一日的教學中，數學教練魯克辛發現佩雷爾曼顯露出一些特質。比如佩雷爾曼的同班男孩們長大一些後開始與女孩子接吻，但他卻從不對女孩子感興趣。乘坐火車時，即使是在溫暖的車廂裡，佩雷爾曼也從不把皮帽子的耳朵蓋解開。

「因為媽媽說了，不要解開繩子，不然就會感冒。」

為此，魯克辛從不擔心佩雷爾曼對數學分心，而佩雷爾曼也越發展現出他那超強的數學天分。年僅 13 歲就開始學習拓撲學，這門學科一直被認為過於抽象，不適合對孩子教學，但誰也不曾想到，日後佩雷爾曼取得最大成就的正是拓撲領域。

拓撲學是幾何學的一個分支。其研究內容之一簡單來講就是一個圖形進行伸縮、扭曲等變換，但不許割斷，也不許黏合，

這個幾何圖形在變形過程中有些性質是保持不變的。在拓撲學家看來，甜甜圈和咖啡杯是一樣的。

佩雷爾曼的傑出數學天分給魯克辛留下了深刻印象。魯克辛也讓身為猶太人的佩雷爾曼生活安全、有序。為了讓佩雷爾曼的數學天分不被社會摧折，在佩雷爾曼 14 歲的時候，魯克辛把他送到了第 239 學校。那是由 20 世紀最偉大的俄羅斯數學家柯爾莫哥洛夫（20 世紀全世界最有影響的數學家之一）創辦的一所專業數學物理學校。

那是一所不同尋常的學校，它是蘇聯高中裡唯一教授古代歷史課程的學校。學生在這裡還會接觸到音樂、詩歌、視覺藝術、俄國建築的知識。這裡不存在其他蘇聯學校裡普遍開設的社會科學課，柯爾莫哥洛夫儘量不讓他們過多地接觸意識形態思想。

在第 239 學校的數學課堂上，佩雷爾曼總是坐在後排，一言不發，但當發現某個人的解法或解釋需要訂正時，他會規矩地舉手示意，而且總是一錘定音。對佩雷爾曼來說，數學就是他的全部，不過對其他課程他仍會認真聽講，儘管講授的內容他不感興趣。對他來說，規矩就是規矩，誰也不能破壞。在第239 學校的最後一年時，佩雷爾曼已經在全蘇聯奧林匹克數學競賽中贏得了一塊金牌和一塊銀牌，因出色的數學成績，佩雷爾曼理應代表蘇聯參加國際奧林匹克數學競賽。

但因他猶太人的身分，選拔方想方設法出難題刁難佩雷爾曼，令人哭笑不得的是，所出題目沒有佩雷爾曼做不出來的。由此佩雷爾曼代表蘇聯參加了 1982 年的國際奧林匹克數學競賽，並最終以 42 分的滿分拿到了金牌。

佩雷爾曼因在國際奧林匹克數學競賽中的出色表現，得以免試進入列寧格勒國立大學（即今聖彼德堡國立大學），列寧格勒國立大學數學系致力於培養職業數學家。一般來說，二年級的時候學生開始確定專業方向，從此告別那些非專業課程。但佩雷爾曼並未著急選定方向，他希望自己能夠見識到數學的全部領域。

在列寧格勒國立大學學習期間，佩雷爾曼和周圍同學保持著良好關係，甚至經常借筆記給別人。但他決不會在考試時幫助同學作弊，因為他信奉每個人都應當自己解答自己面對的問題。

1987 年，佩雷爾曼成為斯捷克洛夫數學研究所的一名研究生。儘管當時蘇聯反猶太主義盛行，但從佩雷爾曼的成長來說，他是非常幸運的。如果他早出生五年，作為猶太人的他要想從事數學研究幾乎不可能。而如果晚出生五年趕上蘇聯解體，巨大的通貨膨脹也無法讓他接受高等教育。

1991 年蘇聯解體，1992 年他來到美國紐約的柯朗數學科學研究所，開始了博士後之旅。在這裡，他只用四頁紙就解決了困擾數學界 20 年的難題「靈魂猜想」。

瑟斯頓教授在聽完佩雷爾曼的報告後驚呼：「這麼簡單，為什麼我沒有想到？」

佩雷爾曼對「靈魂猜想」的證明讓美國數學界意識到了他的天分。普林斯頓大學想要通過助理教授職位招攬佩雷爾曼，但佩雷爾曼要求一個終身教職。普林斯頓方面猶豫不定說要考慮三個月，佩雷爾曼生氣地說道：「你們不是已經聽過我的報告了嗎？」在佩雷爾曼的世界裡，除了數學本身，沒有人可以評判和衡量他。

由於古怪的性格，佩雷爾曼一生朋友不多，田剛是佩雷爾曼在普林斯頓認識的為數不多的朋友。但儘管如此，據田剛的回憶，他們的對話也僅限於數學。讀博期間，佩雷爾曼還接觸到了拓撲領域的超級難題——「龐加萊猜想」。自該猜想被提出以來，一直是眾多數學家渴望登上的數學高峰。

在接觸到「龐加萊猜想」後，佩雷爾曼淡淡地說道：「我能解決這個問題。」緊接著，他毫不猶豫地乘坐飛機返回了斯捷克洛夫數學研究所開始研究。

回到斯捷克洛夫數學研究所，他終於可以像在想像中的世界那樣，沒有競賽不用教學沒有論文要求，一心投入數學的研究世界。除了超市的售貨員，幾乎再沒有人見過他。他每次去超市購物，買的永遠都是黑麵包、通心粉和優酪乳。靠著留美期間積攢的幾萬美元，他和母親就這麼生活著。

整整 7 年，他就像從這個世界消失了一般。

2002 年 11 月 12 日，10 多位數學家收到了一封信：

親愛的 ×××：

請允許我提醒您關注我在 arXiv 上發表的論文，該篇論文的編號是 math.DG0211159。

摘要：本文中我們提出了一個 Ricci 流的單調表示，其不需要曲率假設，在所有維度中都成立。這可以被解釋為某個典型集合的熵……

祝萬事如意！

格里戈里·佩雷爾曼

arXiv 是一個收集物理學、數學、電腦科學與生物學論文預印本的網站。

在這封信中，佩雷爾曼並未宣稱自己證明了「龐加萊猜想」，甚至沒有說明自己解決的問題是什麼。美國數學家邁克爾‧安德森收到信件已是午夜，但他當晚通宵達旦看完了信件，並抄送郵件至另外幾位數學界同行，並在信尾附言：

「我們應該認真對待這個人，也請讓我知道他是否已經完成了我認為他已完成的工作。」

隨後兩年，佩雷爾曼行雲流水般在 arXiv 網站上發布了第二、第三篇論文，這一系列的論文引起了數學界的巨大轟動。兩年後，數學界同行們終於看懂了佩雷爾曼的文章，他們對外宣告佩雷爾曼的文章驗證成功，這意味著「龐加萊猜想」已被成功證明。

2003 年 4 月，佩雷爾曼應邀去美國麻省理工做講座，他向滿教室的數學家展示了他的證明過程。但 90 分鐘下來，似乎只有他一人真正懂得證明過程。儘管如此，教室裡的數學專才們仍然很認真並充滿敬意地聽完了講座。

這時候，麻省理工學院熱情地向他伸出了終身教授的橄欖枝，但佩雷爾曼感覺受到了差辱。他很生氣自己對「龐加萊猜想」的貢獻被外人當作是評判他是否具備終身教授資格的標準。還是和之前一樣，除了數學本身，沒有人可以評價他。

在世紀之交，2000 年，為鼓勵人們提高對數學的關注，克雷數學研究所曾設立了千禧年七大難題，只要解決任一難題就可以獲得 100 萬美金。基於此，《紐約時報》的一名記者發文稱，證明「龐加萊猜想」的佩雷爾曼即將獲得克雷數學研究

所提供的 100 萬美金。佩雷爾曼感到十分生氣，他對此大加批評，認為大眾媒體如此措辭，是極其粗俗的行為。

佩雷爾曼解決了「龐加萊猜想」這樣的世紀難題，卻同時也給克雷數學研究所出了一道難題。如果證明「龐加萊猜想」的是別人，或許會主動去克雷數學研究所領取獎金。但佩雷爾曼卻拒絕領獎，甚至克雷數學研究所所長詹姆斯·卡爾森親自上門勸說，他也照樣拒絕。事實上，佩雷爾曼對這些壓根兒不在乎，「龐加萊猜想」的證明本身對他才是一種回報。由於佩雷爾曼在拓撲學領域的巨大貢獻，國際數學聯合會判定他為 2007 年菲爾茲獎獲得者之一。當然，沒有任何意外，他同樣拒絕了菲爾茲獎。

佩雷爾曼同樣拒絕了一所又一所著名學府的聘請，紐約州立大學石溪分校曾邀請他加入。他可以提任何條件，隨便什麼樣的薪水，甚至一年只在學校出現一個月都可以。但佩雷爾曼的回答卻是：「謝謝，您給的條件真的不錯，但我現在不想討論這件事。我得回聖彼德堡教高中生。」他打算徹底和這個喧囂的世界決裂，生活在自己的小圈子裡。佩雷爾曼討厭別人闖進他的生活，為了躲避記者的採訪他甚至躲進了男廁所。

最後，他甚至拋棄了數學。2005 年，他悄無聲息地在克雷數學研究所留下一封辭職信，信中並未說明離職緣由。據他的數學啟蒙老師魯克辛說，佩雷爾曼對數學界的追逐名利、學術腐敗感到失望，同時他認為自己達到了在數學研究方面的最高峰，以後不會有更大的突破了。

佩雷爾曼在 50 歲的時候退出數學研究，現在瑞士的一家科技公司工作，與母親一起生活。

佩雷爾曼對公共場合和財富的厭惡或許令許多人迷惑不解。但可以看出他對學術的那份純粹與認真。如此純粹的科學家，世上能有幾人？

參考資料：

◎ 天吾.《謎一般的數學天才佩雷爾曼》[N]. 中國科學報 ,(2014-07-11(12).
◎ 胡作玄.《龐加萊猜想 100 年》[J].科學文化評論 ,2004,1(3):86-98.

第十章
保護千萬人的「瘋狂實驗」

　　作為世界最暢銷的漫畫之一，《龍珠》是不少人童年最美好的回憶。其中許多奇異的修煉方式令人印象深刻，有玄乎的超神水，也有度日如年的精神時光屋，但其中最深得人心的還是各式各樣的負重訓練。

　　從精神時光屋的 4 倍重力到界王星的 10 倍重力，主角悟空以超人的體魄一步步地成長。這些不可思議的所謂修煉，對人類來說似乎遙不可及。然而，人類遠比我們自己想像的要強大得多。實際上承受 10 個 G（G，代表地球重力加速度，通常取 $9.8m/s^2$）的加速度，甚至不能在人類紀錄裡排上名。

　　1954 年，有人抵抗住了驚人的 46.2G 的加速度，這位勇士雙目溢血，眼球幾乎奪眶而出，多處骨折，視網膜脫離，多處血管爆裂，但卻奇蹟般地倖存下來了，還登上了《時代》週刊封面。

　　作為對比，F1 賽車手通過高速彎道時承受的加速度「僅有」5 個 G，而特技飛行員或太空人所承受的加速度也不超過 12G。

　　而他看起來「作死」的舉動，不同於那些一味挑戰極限的莽夫，他拿命去做的實驗竟是為了拯救千萬人的性命。

　　約翰・保羅・斯塔普出生在巴西，他的父親是當地的一名

傳教士。在他 12 歲的時候，他才隨父親來到美國德克薩斯州。斯塔普從小就是一個樂於助人的孩子，無論鄰居、同學有什麼困難，他總是第一個去幫忙。

可有時人越是仁慈，世界對他就越是殘忍。大學時，斯塔普的表弟遭受了難以想像的災難。一次意外引發了大火，2 歲的表弟被嚴重燒傷。斯塔普目睹了表弟重傷致死的經過。他難掩心中的悲痛，將拯救生命作為一輩子的使命。

大學本科畢業後，斯塔普沒有繼續選擇英語專業。他想考進醫學院，將來做一名兒科醫生，可是家裡負擔不起醫學院高昂的學費，斯塔普只好留在母校攻讀生物物理學碩士。後來又在德克薩斯大學奧斯丁分校拿到了博士學位。但他還不滿足，最終在明尼蘇達大學以醫學博士的身分畢業，結束了漫長的學習生涯。

1944 年，大器晚成的斯塔普終於參加了社會工作。他加入了美國陸軍的航空隊，成為一名普通的醫生。以斯塔普的學識，僅僅擔任軍醫一職是大材小用。他自然不會不明白這個道理，但戰爭年代，他還是希望能為這些士兵們盡自己的微薄之力。

隨著美國空軍在日本

約翰·保羅·斯塔普

投下兩枚原子彈，二戰結束了，斯塔普也很快找到了畢生的歸宿，他調入了懷特派特森空軍基地，成為空軍生理研究專案的專職研究員。同時，他依舊無償地為研究組成員的家屬提供醫療服務。

「二戰」雖然結束了，但新的戰爭又開始了。蘇美兩國持續的軍備競賽將人類的武器發展推向了一個高潮。為了掌握先機，兩國的飛機越飛越高，越飛越快，斯塔普的任務就是研究飛行員在極端的環境下會受到怎樣的威脅，能否存活。

1946 年，一架被祕密改裝的 B-17 轟炸機起飛升空，這架轟炸機搭載著重新設計的發動機飛向平流層。斯塔普以自己為研究物件，「作死」的挑戰就從這時開始。他跟隨整個機組成員飛上平流層，不帶任何保護。他想搞清楚，飛上空氣稀薄的平流層，人體究竟是如何對抗脫水、缺氧、僵硬這些症狀的。

他在那個孤獨的機尾待了 65 個小時後，總算是找到了克服這些症狀的最佳辦法。只要飛行員在執行平流層飛行任務前吸上半小時純氧，就幾乎可以避免一切不良反應，斯塔普心裡滿是研究成功的自豪。那時起，他放棄了兒科醫生的夢想，決心奉獻一生做人體研究，以此挽救更多的生命。

因為斯塔普在高海拔研究上的「勇猛」表現，他得以監督當時實驗室最重要的項目 ── 體減速。斯塔普的傳奇生涯開始了。

美國的空軍力量愈來愈強大，戰鬥機更高更快的同時也更脆弱更容易被擊毀。因此，軍方想要用彈射座椅的方式保護飛行員，但是彈射座椅的實驗需要實驗研究，更需要「小白鼠」。

起初，斯塔普的研究組只進行了一些簡單的實驗，包括從

高處無緩衝撞擊地面，或是坐在鞦韆上以一定角度釋放，再瞬間截停。但這些簡單的實驗似乎並不會威脅到人體，於是斯塔普打算建造更複雜的實驗設備。

　　他帶著實驗小組來到新墨西哥州的一處導彈基地，以原本導彈實驗的軌道車作為基礎展開新的研究。他建立了一條長兩公里的軌道，設計了全新的火箭驅動的軌道車 Gee-Whizz。這輛火箭車能夠承受超過 100G 的加速度，最高時速通過驅動火箭控制，也就是沒有上限。

　　剛開始，火箭車裡的乘客還是一個 185 磅的假人，僅僅穿戴著輕型的安全帶就進行實驗。咻的一聲，火箭車瞬間加速到時速 240 公里，眼看火箭車就快要駛離軌道的盡頭，制動程式啟動。一霎時，假人和火箭就已經穩穩地停住了。

約翰‧斯塔普在愛德華茲空軍基地乘坐軌道火箭車

此前，教科書上寫的人體能承受的加速度極限是 18G，幾乎所有飛機都是以承受 18G 的標準設計的。但這一次，假人承受了 30G 的加速度。而且這次從假人實驗得到的資料來看，似乎超過 18G 的加速度也不會產生致命的威脅。

　　進一步調查，斯塔普發現飛行員因為交通事故死亡的人數竟然比飛行事故死亡的還要多。他意識到了自己的研究可能不僅僅能拯救飛行員，甚至能拯救成千上萬的普通民眾。斯塔普心中湧出了無限的動力，他想找到人類的極限。

　　1947 年末，經過大半年的試運行，時機已到。斯塔普向上級建議，親自擔任實驗物件。但領導建議他循序漸進，先進行低速的實驗。第一次載人實驗，謹慎起見，斯塔普被允許乘坐只安裝了一個火箭推進器的小車，最終也僅僅產生了 10G 的加速度。

　　斯塔普老早就認為加速度在 18G 以下的實驗是沒有意義的。第二天，他就偷偷給火箭車增加了兩個火箭推進器，然後毫不遲疑地坐上了那個座位。火箭車一如既往地運行著，監控室裡的加速度儀錶的指針突然轉到了 35G 的位置，所有人都嚇了一跳，紛紛擔心起斯塔普博士的身體。火箭車停下的那一刻，所有醫護人員都奔向斯塔普，博士不會真的被這三百多公里的時速打敗了吧。

　　打開艙門，他們還是嚇到了，因為博士看起來很不正常，他居然笑著和大家招手，這讓醫護人員擔心他的腦子是不是出了問題。過了很久，斯塔普才終於讓大家相信了他沒有遭受任何傷害，只是有一些輕微的頭暈。這個結果打開了人類新世界的大門，似乎人類遠比想像中的要強大，但更多人懷疑的是

斯塔普這個人要比想像中強大不少。為了確定 35G 的實驗不是僥倖，斯塔普在後來的幾個星期裡完成了 16 次測試，事實證明 18G 確實不是人類所能承受的極限。

在實驗的過程中，斯塔普團隊也證明了另一件事：你所擔心的情況更有可能發生。正是這幾次實驗促成了「墨菲定律」的誕生。事情是這樣的，當時實驗組的一個助理墨菲，負責整個實驗的資訊採集與處理工作，他所設計的固定帶可以安裝 16 個感測器，每個感測器都有兩種正確安裝方式。有一次，這些感測器竟然全被安裝在錯誤的地方，讓斯塔普博士白白遭了一次罪。

經過了這次事故後，斯塔普反而更加「倡狂」。1951 年，他在測試人體能承受最大的加速度的同時，還發展了一個副業——成為地面速度最快的人類。斯塔普建造了一架全新的火箭車「Sonic Wind」一號，它由 6 個火箭驅動，推力達到驚人的 27000 磅，瞬間就能將軌道上的小車加速至時速 677 公里。在當時這簡直是不

斯塔普登上《時代》雜誌封面

可想像的。

然而他並不滿足於此。3 年後，他又給火箭車額外安裝了幾支火箭。這次他還要坐上去親自打破這個速度紀錄。上車前，有人給了斯塔普一個甜甜圈充饑，斯塔普意外地拒絕了：「胃裡的食物會影響解剖！」

砰！火箭啟動，斯塔普在 5 秒內就接近了音速，接下來只花了僅僅 1.4 秒就完全停了下來，火箭車暫態產生了 46.2G 的加速度，不但如此，斯塔普還承受了 25G 的加速度長達 1 秒。這次實驗不僅讓斯塔普成為「地球上速度最快的人」，也成功入選了世界 10 大瘋狂實驗的排行榜。

斯塔普活著堅持到了最後，但是卻面臨著多重傷害。劇烈的減速讓他的視網膜脫落，眼球的血管爆裂。衝擊讓他的肋骨斷裂，多處軟組織挫傷，據說還掉了幾顆牙齒。關於這次實驗的收穫，他說：「我可能得到了一支盲杖和一條導盲犬。」幸運的是，他的眼睛在幾天之後逐漸恢復了。

媒體得知消息後都驚呆了，不僅是因為 46.2G，更多的是對斯塔普博士無畏的精神的驚歎。要知道，當時斯塔普還計畫進行更快的實驗，要不是軍方的阻攔，斯塔普的生命也許就無法延續到 89 歲了。

可能有人認為斯塔普的實驗看起來毫無意義，僅僅是挑戰極限，實際上那些實驗對我們今天的生活意義重大。它證明了人類在面對事故造成的緊急減速或碰撞時，在合理的保護下是完全可以存活的，並且不會造成永久性傷害。

1955 年，福特開始在出廠的汽車上安裝安全帶。1966 年，詹森總統簽署安全帶的新法規，斯塔普博士就站在他的身旁。

除了為安全帶的普及立下了汗馬功勞之外，斯塔普還設計出了更加安全合理的安全帶，改進了降落傘用固定帶，還為彈射座椅的研發打下了基礎。斯塔普用自己的巨大風險換來了人類的安全。

　　就這一點來說，斯塔普的「作死」意義巨大，「地球上速度最快的人」的稱號也會永遠與他同在。

　　懂得冒險，也許是人類區別於動物最核心的精神。

怪奇科學研究所：42個腦洞大開的趣味科學故事 / SME 作 .-- 初版 .-- 臺北市：時報文化，2020.02
336 面；14.8×21 公分 .--（知識叢書；1082）
ISBN 978-957-13-8090-2（平裝）

1.科學　　2.通俗作品

307.9　　　　　　　　　　　　　　　　　　　　　　　　　　　　　　　　　109000848

本作品中文繁體版通過成都天鳶文化傳播有限公司代理，經北京京時代華語國際傳媒股份有限公司授予時報文化出版企業股份有限公司獨家發行，非經書面同意，不得以任何形式，任意重製轉載。

ISBN 978-957-13-8090-2

Printed in Taiwan

知識叢書 1082

怪奇科學研究所：42個腦洞大開的趣味科學故事

作者 SME｜**主編** 李筱婷｜**企畫** 藍秋惠｜**美術設計** 兒日設計｜**董事長** 趙政岷｜**出版者** 時報文化出版企業股份有限公司　108019 台北市和平西路三段 240 號 7 樓　**發行專線**—(02)2306-6842　**讀者服務專線**—0800-231-705．(02)2304-7103　**讀者服務傳真**—(02)2304-6858　**郵撥**—19344724 時報文化出版公司　**信箱**—10899 臺北華江橋郵局第 99 信箱　**時報悅讀網**—http://www.readingtimes.com.tw　**時報出版愛讀者**—http://www.facebook.com/readingtimes.fans｜**法律顧問**　理律法律事務所　陳長文律師、李念祖律師｜**印刷**　家佑印刷有限公司｜**初版一刷**　2020 年 2 月 14 日｜**初版十四刷**　2024 年 4 月 18 日｜**定價**　新台幣 360 元｜版權所有翻印必究（缺頁或破損的書，請寄回更換）

時報文化出版公司成立於 1975 年，並於 1999 年股票上櫃公開發行，
於 2008 年脫離中時集團非屬旺中，以「尊重智慧與創意的文化事業」為信念。